高等职业教育工业机器人专业系列教材

工业机器人系统
离线编程与仿真

主编 丁 健 李元哲 谢文凤

参编 沈宇扬 吴博雄 叶 茜

商 进 李成春 冒月文

西安电子科技大学出版社

内 容 简 介

本书基于工业机器人主流方案设计和仿真验证软件 RobotStudio 6.08，讲解了工业机器人仿真必备的知识和技能。全书共设计了 7 个典型项目，包括工业机器人离线编程与仿真基础知识、搬运工作站离线编程与仿真、码垛工作站离线编程与仿真、分拣工作站离线编程与仿真、装配工作站离线编程与仿真、喷涂工作站离线编程与仿真和写字工作站离线编程与在线调试。书中各项目紧密相连又层层递进，从而达到了不断深化知识点和操作技能的要求，使学生在项目案例中不仅能完成学习任务，还能提高实操能力。

本书既可作为高等职业院校装备制造大类相关专业的教材，也可作为工业机器人离线编程和仿真相关工程技术人员的参考和培训用书。本书尤其适合已经掌握 ABB 工业机器人操作与编程，需要进一步学习工业机器人工程应用仿真的学生和技术人员参考使用。

图书在版编目（CIP）数据

工业机器人系统离线编程与仿真 / 丁健，李元哲，谢文凤主编. --
西安：西安电子科技大学出版社, 2025. 7. -- ISBN 978-7-5606-7682-1

Ⅰ. TP242.2

中国国家版本馆 CIP 数据核字第 20254KE476 号

工业机器人系统离线编程与仿真
GONGYE JIQIREN XITONG LIXIAN BIANCHENG YU FANGZHEN

策　　划　秦志峰
责任编辑　成　毅
出版发行　西安电子科技大学出版社（西安市太白南路 2 号）
电　　话　（029）88202421　88201467　　　邮　　编　710071
网　　址　www.xduph.com　　　　　　　　　电子邮箱　xdupfxb001@163.com
经　　销　新华书店
印刷单位　咸阳华盛印务有限责任公司
版　　次　2025 年 7 月第 1 版　　　　　　2025 年 7 月第 1 次印刷
开　　本　787 毫米×1092 毫米　1/16　　印　　张　16
字　　数　379 千字
定　　价　46.00 元
ISBN 978-7-5606-7682-1
XDUP 7983001-1
*** 如有印装问题可调换 ***

前　言

本书按照高等职业院校工业机器人技术专业教学标准、工业机器人应用编程职业技能等级标准和工业机器人操作与运维职业技能等级标准的要求编写，书中内容与职业技能等级标准以及各个层次职业教育的专业教学标准相互对接，以保证教学要求和产业需求的一致性与适应性。

党的二十大报告指出："统筹职业教育、高等教育、继续教育协同创新，推进职普融通、产教融合、科教融汇，优化职业教育类型定位。"本书贯彻落实党的二十大精神，注重挖掘优秀思政教育元素和丰富的教育资源，邀请了江苏汇博机器人技术股份有限公司的优秀工程师参与编写。

本书采用项目任务方式组织，内容融入了行业企业的新技术、新工艺和新方法。书中通过讲解工业机器人离线编程与仿真课程中的知识变迁和技术革新，帮助读者认识到科学技术进步在推动工业机器人行业发展中发挥的重要作用，提高专业认同感，并将专业能力和社会担当意识培养有机结合，以强化树立正确的人生观和价值观。

本书具有很强的实用性和可操作性，针对高职学生的现状，通过图示、图片、逻辑图等形式表现学习内容，降低学习难度，同时强调互动式学习和训练的重要性，从而激发学习兴趣和动手能力，快速有效地将知识内化为学生的基本技能。

另外，本书中的"拓展知识"模块区别于核心教学内容的设计，其对主要教学内容具有补充性、开放性和启发性的作用，旨在拓宽学生视野和激发学生学习兴趣。

本书由无锡职业技术学院丁健、李元哲、谢文凤任主编，参加编写的还有无锡职业技术学院沈宇扬、吴博雄、叶茜、商进、李成春、冒月文。叶茜、丁健编写项目一；丁健编写项目二；李元哲编写项目三；李元哲、沈宇扬、商进编写项目四；谢文凤、冒月文编写项目五；吴博雄、丁健编写项目六；谢文凤、李成春编写项目七。全书由丁健统稿，郭琼主审。

在本书的编写过程中，得到了江苏汇博机器人技术股份有限公司有关领导和工程技术人员的大力支持，在此表示衷心的感谢。

由于编者水平及时间有限，书中难免有不足之处，敬请读者批评指正！

编　者

2025 年 3 月

目　录

项目一

工业机器人离线编程与仿真基础知识

项目引入

本项目将学习工业机器人仿真的基础知识和简单的操作技能，以理论学习为主，实际操作为辅，内容包括工业机器人仿真技术、RobotStudio 仿真软件、用 Robotstudio 创建简单仿真工作站、RobotStudio 建模功能和 Smart 组件仿真功能。

知识目标

(1) 熟悉工业机器人虚拟仿真技术和主流的仿真软件；
(2) 熟悉 RobotStudio 仿真软件的功能和特点；
(3) 掌握 RobotStudio 建模原理；
(4) 掌握 Smart 组件的概念和类别。

能力目标

(1) 能够正确安装 RobotStudio 仿真软件；
(2) 能够使用 RobotStudio 仿真软件创建简单的工业机器人仿真工作站；
(3) 能够使用 RobotStudio 仿真软件建立简单模型、机械装置和机器人工具。

项目描述

本项目的主要任务是使用 RobotStudio 仿真软件创建简单的仿真工作站、机械模型和 Smart 组件。

项目实施

任务 1.1 　　了解工业机器人虚拟仿真技术

1. 工业机器人虚拟仿真技术简介

工业机器人虚拟仿真技术是指通过计算机对实际的工业机器人系统进行模拟的技术。

工业机器人虚拟仿真技术利用计算机图形技术和机器人学原理，建立工业机器人及其工作环境的模型，再利用工业机器人编程语言及相关算法，生成可视化的解决方案。

工业自动化的市场竞争日益加剧，生产厂家要求提高生产效率、降低成本并提高质量。在新产品生产阶段才进行机器人编程效果检测或试运行是行不通的，这意味着一旦编程效果不佳或要修改部件时，必须停止现有的生产再进行编程。一般生产厂家在设计阶段就会对新部件的可制造性进行检查，在为机器人编程时，离线编程可与建立机器人应用系统同时进行，这样能加速产品生产速度、缩短研发周期。

工业机器人虚拟仿真系统可通过单台或多台虚拟工业机器人组成仿真工作站或生产线，在产品制造之前对工业机器人系统进行离线编程，以避免不必要的返工。这样可在实际安装机器人前，通过可视化及可确定的解决方案和布局来降低风险，并通过创建更加精确的路径获得更高的效率。图 1-1 为工业机器人机床上下料仿真工作站。

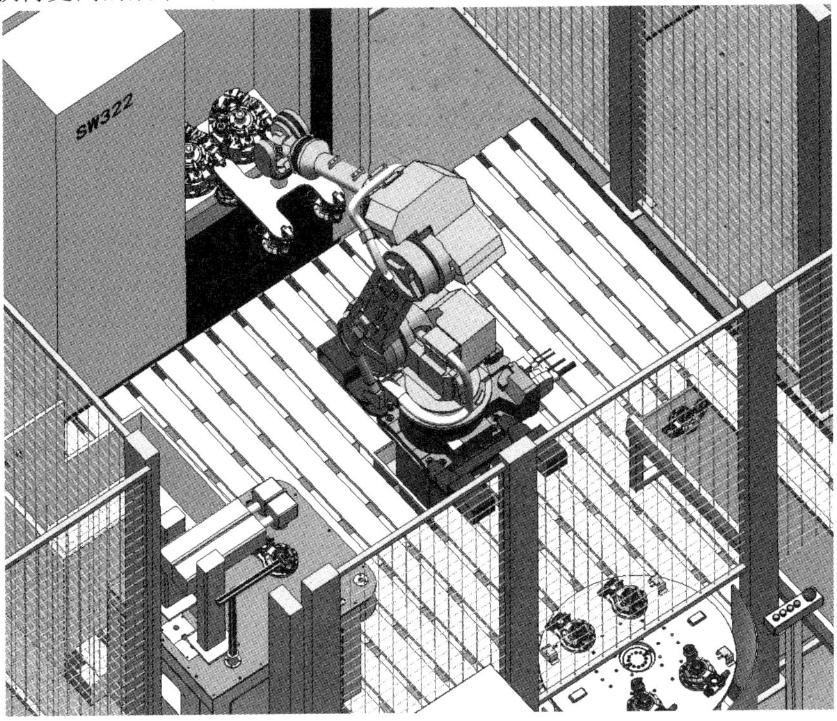

图 1-1   工业机器人机床上下料仿真工作站

2. 工业机器人主流仿真软件

工业机器人主流仿真软件包括 RobotMaster、PQArt、DELMIA、RobotStudio、RobotWorks 和 Robomove 六种。

1) RobotMaster

RobotMaster 是一款来自加拿大的工业机器人仿真软件，支持市场上绝大多数的机器人品牌，该软件还无缝集成了机器人编程、仿真和代码生成功能，极大提高了机器人的编程速度。

2) PQArt

PQArt 是目前国内机器人仿真软件中的主流产品之一，该软件能根据几何数模的拓扑信息生成机器人运动轨迹，之后再进行轨迹仿真、路径优化以及代码后置。**PQArt** 集碰撞检测、场景渲染、动画输出于一体，可快速生成效果逼真的模拟动画，被广泛应用于打磨、去毛刺、焊接、激光切割、数控加工等工艺流程。

PQArt 教育版软件针对教学实际情况，增加了虚拟示教器与自由装配等功能，可帮助初学者在虚拟环境中快速认识机器人，并学会机器人示教器的基本操作，大幅缩短了学习周期，降低了学习成本。

3）DELMIA

DELMIA 是一款法国达索公司旗下的 CAM 软件，被专门用于汽车制造行业。DELMIA 有六大模块，其中 Robotics 解决方案涵盖汽车制造领域的发动机、总装和白车身，航空工业领域的机身装配、维修维护，以及一般制造业的制造工艺设计。**Robotics** 能快速进行机器人工作单元的建立、仿真与验证，形成一个完整、可伸缩、柔性的解决方案。

4）RobotStudio

RobotStudio 是一款瑞士 ABB 公司配套本体机器人出品的仿真软件。RobotStudio 支持机器人的整个产品生命周期，使用图形化方式编辑和调试机器人系统来创建和仿真机器人的运行，并能模拟优化现有的机器人程序，RobotStudio 仿真软件界面如图 1-2 所示。本书主要介绍该仿真软件。

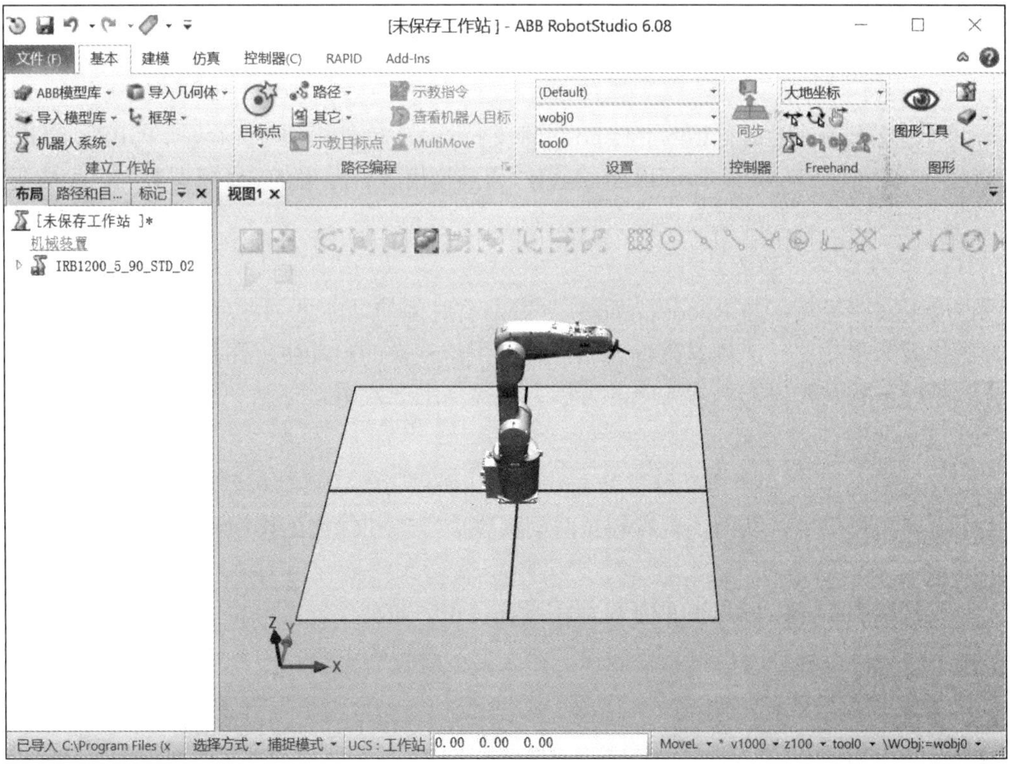

图 1-2 RobotStudio 仿真软件界面

5）RobotWorks

RobotWorks 是一款来自以色列的机器人离线编程仿真软件，它的使用与 RobotMaster

软件类似，但它要基于 SolidWorks 软件二次开发才能使用，因此使用该软件需要先购买 SolidWorks 软件。

6) Robomove

Robomove 是一款来自意大利的工业机器人仿真软件，它同样支持市面上大多数品牌的机器人，机器人加工轨迹由外部 CAM 导入。该软件操作自由且功能完善，可同时支持多台机器人仿真。Robomove 与其他仿真软件不同的是它侧重于定制路线，可根据实际项目进行定制。

任务 1.2　了解 RobotStudio 仿真软件

1. RobotStudio 仿真软件的主要功能

RobotStudio 仿真软件可以实现包括编程、CAD 导入、自动生成路径、自动分析伸展、碰撞检测、在线作业、二次开发在内的 7 项主要功能。

1) 编程功能

RobotStudio 软件既是仿真软件又是编程软件，可利用它将编写好的程序直接下载到真实的机器人控制器中。

2) CAD 导入功能

在构建仿真工作站时，RobotStudio 软件支持 CAD 软件模型导入(包括 IGES、STEP、VRML、CATIA、VDAFS 和 ACIS 等格式)，通过使用各种精确的 3D 模型数据，生成更为精确的机器人程序，从而提高产品质量。

3) 自动生成路径功能

自动生成路径功能是 RobotStudio 软件最节省时间的功能之一。对于某些不规则轨迹，此时进行人为示教比较麻烦且效率较低，若利用该软件的自动生成路径功能，则能将自动生成的路径下载到真实的机器人中，可极大地提高生产效率。

4) 自动分析伸展功能

RobotStudio 软件利用自动分析伸展功能可让操作者灵活移动机器人或工件，直至所有位置均达到预设位置，从而实现在较短时间内完成验证和优化工作站单元布局。

5) 碰撞检测功能

在 RobotStudio 软件中，利用其碰撞检测功能可对机器人在运动过程中是否可能与周边设备发生碰撞进行验证与确认，以确保机器人离线编程得出的程序具有可用性。

6) 在线作业功能

使用 RobotStudio 软件与真实机器人进行连接通信，对机器人进行监控、程序修改、参数设定、文件传送及备份恢复等在线作业，方便了对机器人的调试与维护。

7) 二次开发功能

RobotStudio 软件提供了功能强大的二次开发平台，便于工程技术人员调试机器人，并能更直观地观察机器人的生产状态,使机器人的应用更广泛,从而满足更多科研和生产的需要。

2. RobotStudio 软件功能选项卡

RobotStudio 仿真软件包括"文件""基本""建模""仿真""控制器""RAPID"和"Add-Ins"7 个功能选项卡。

1) 文件选项卡

文件选项卡包括"打开""关闭""保存""新建""打印""共享""在线""帮助"及"选项"等命令,如图 1-3 所示。

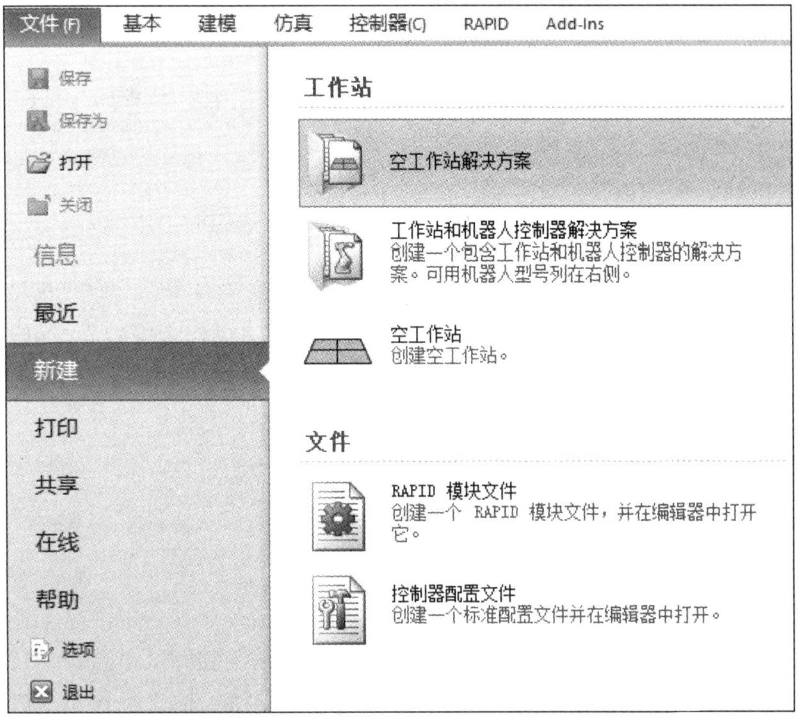

图 1-3　文件选项卡

2) 基本选项卡

基本选项卡有 6 个命令组,分别为"建立工作站""路径编程""设置""控制器""Freehand""图形"。例如,"建立工作站"命令组包含"ABB 模型库""导入模型库"和"机器人系统"等命令,如图 1-4 所示。

图 1-4　基本选项卡

3) 建模选项卡

建模选项卡有 5 个命令组,分别为"创建""CAD 操作""测量""Freehand"和"机械"。例如,"机械"命令组包括"创建机械装置""创建工具"和"创建输送带"等命令,如图 1-5 所示。

图 1-5　建模选项卡

4) 仿真选项卡

仿真选项卡有 6 个命令组，分别为"碰撞监控""配置""仿真控制""监控""信号分析器"和"录制短片"。例如，"仿真控制"命令组有"播放""暂停""停止"和"重置"命令，如图 1-6 所示。

图 1-6　仿真选项卡

5) 控制器选项卡

控制器选项卡有 5 个命令组，分别为"进入""控制器工具""配置""虚拟控制器"和"传送"。例如，"虚拟控制器"命令组包括"控制面板""操作者窗口""编辑系统"等命令，如图 1-7 所示。

图 1-7　控制器选项卡

6) RAPID 选项卡

RAPID 选项卡有 7 个命令组，分别为"进入""编辑""插入""查找""控制器""测试和调试"和"路径编辑器"。例如，"测试和调试"命令组包括"步入""跳出""跳过"等命令，如图 1-8 所示。

图 1-8　RAPID 选项卡

7) Add-Ins 选项卡

Add-Ins 选项卡有 3 个命令组，分别为"社区""RobotWare"和"齿轮箱热量预测"，如图 1-9 所示。

图 1-9　Add-Ins 选项卡

<table>
<tr><td>任务 1.3</td><td>使用 RobotStudio 软件创建仿真工作站</td></tr>
</table>

一、工作站的创建与布局

1. 创建仿真工作站

创建工业机器人仿真工作站需要导入工业机器人本体和工作对象，其中导入机器人模型的操作步骤如下。

操 作 步 骤	示 意 图
(1) 创建工作站。 打开 RobotStudio 软件，选择"文件"→"新建"→"空工作站"菜单命令，并单击"创建"按钮	
(2) 选择机器人型号。 单击"基本"→ "ABB 模型库"，选择"IRB2600"型工业机器人	

(3) 选择机器人臂展。 在"到达"列表下拉框中选择其中的"1.85 m"，然后单击"确定"按钮	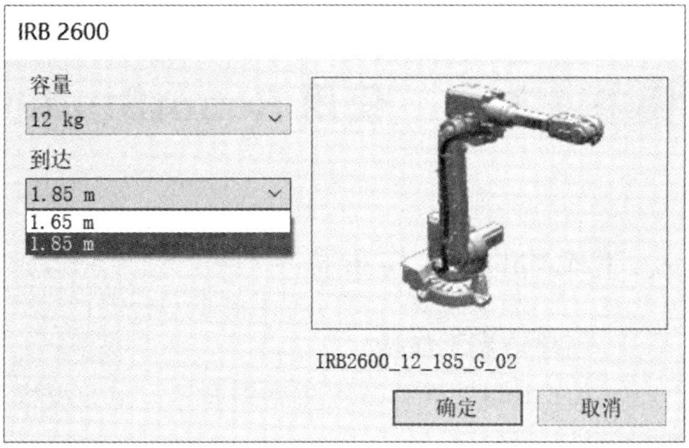
(4) 完成模型导入。 完成上述操作后生成"视图1"	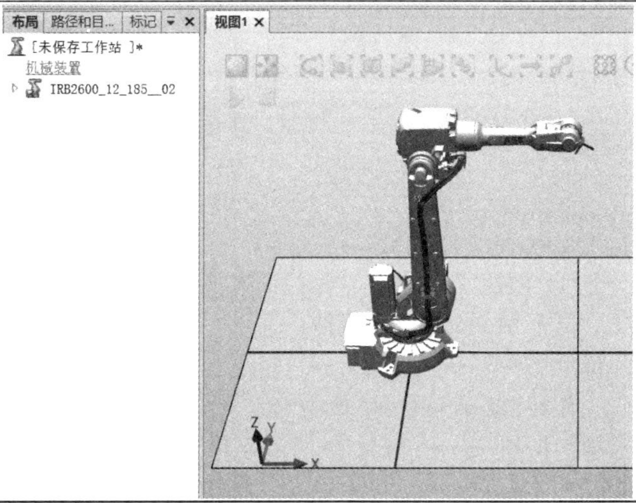

2. 安装与拆除机器人工具

安装与拆除机器人工具的操作步骤如下。

操 作 步 骤	示　意　图
(1) 选取机器人的工具。 单击"基本"→"导入模型库"→"设备"→"Training Objects"，选择其中的"myTool"	 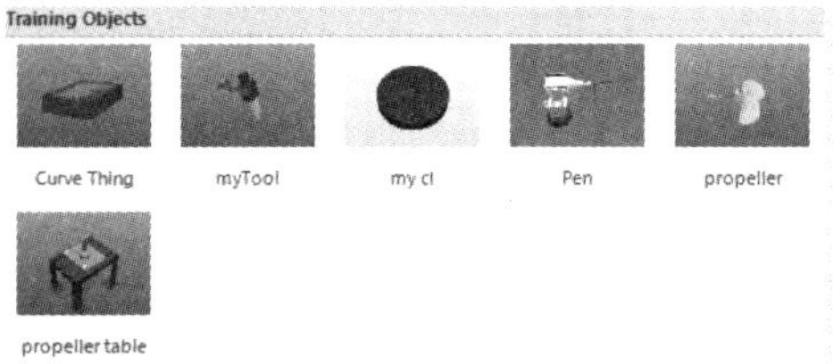

操作步骤	示意图
(2) 安装机器人工具。 在"布局"选项卡中，单击"MyTool"并将其拖动到"IRB2600_12_185_02"后松开，单击"是"按钮，即可将工具安装到机器人的法兰盘上	
(3) 拆除机器人工具。 若要将工具从机器人法兰盘上拆除，则可以右击"MyTool"，在弹出的菜单栏中选择"拆除"即可	

3. 布置周边设备模型

创建仿真工作站的周边模型，将 Curve Thing 设备模型正确摆放到 propeller table 设备上的操作步骤如下。

操作步骤	示意图
(1) 选择设备模型。 在"Training Objects"模型中，选择"propeller table"	

(2) 显示机器人工作区域。 右击 "IRB2600_12_185_02",在弹出的菜单栏中选择"显示机器人工作区域"	
(3) 调整设备位置。 单击 "Freehand" 命令组中 "移动" 命令,并选择视图中的设备,此时分别拖动方向箭头,使该设备位于机器人工作范围内	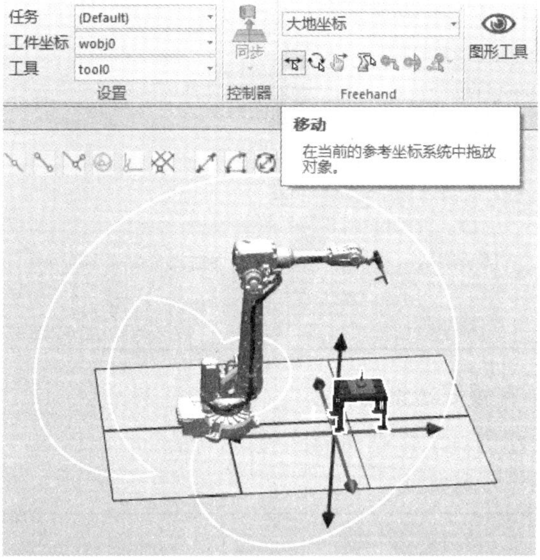
(4) 选择设备模型。 在 "Training Objects" 模型中,选择 "Curve Thing"	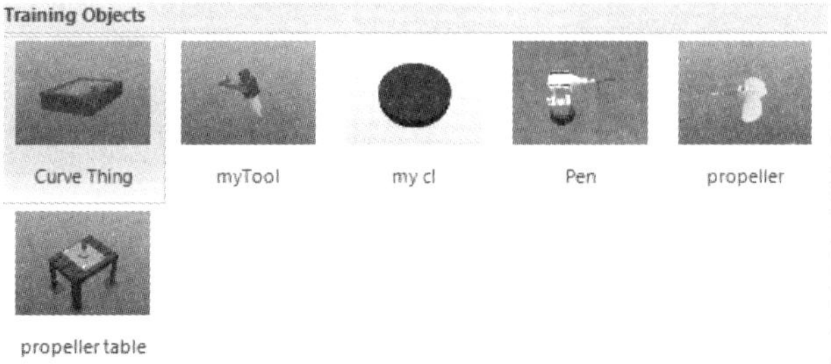

(5) 选择对象放置方式。 右击"Curve_thing",在弹出的选项栏中选择"位置"→"放置"→"两点"	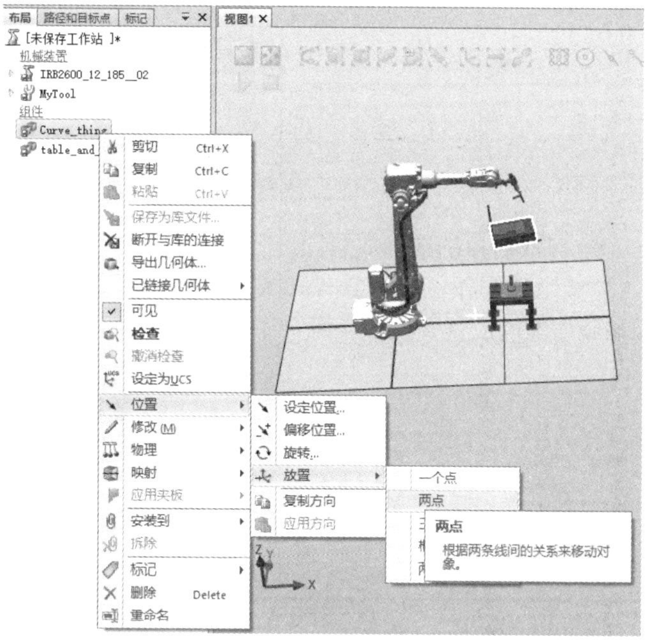
(6) 选择捕捉工具。 在"视图1"中,单击"选择部件"和"捕捉对象"快捷工具	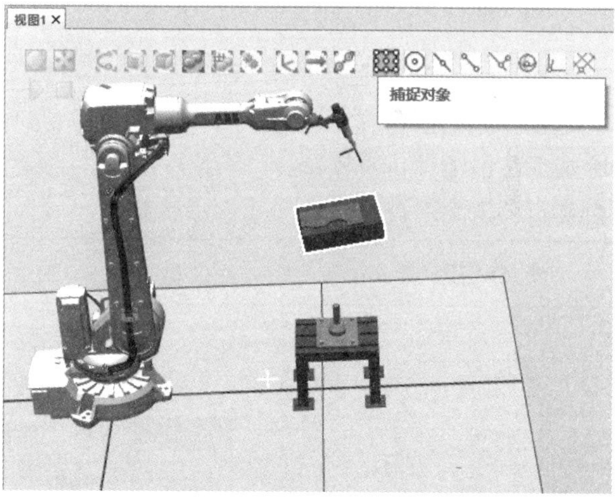
(7) 采用两点法放置对象。 依次单击"主点-从(mm)"→"Curve Thing"对象左下角端点,单击"主点-到(mm)"→工作台左端点,单击"X 轴上的点-从(mm)"→"Curve Thing"对象右下角端点,单击"X 轴上的点-到(mm)"→工作台右端点,再利用两点法将两个物体的基准线对齐	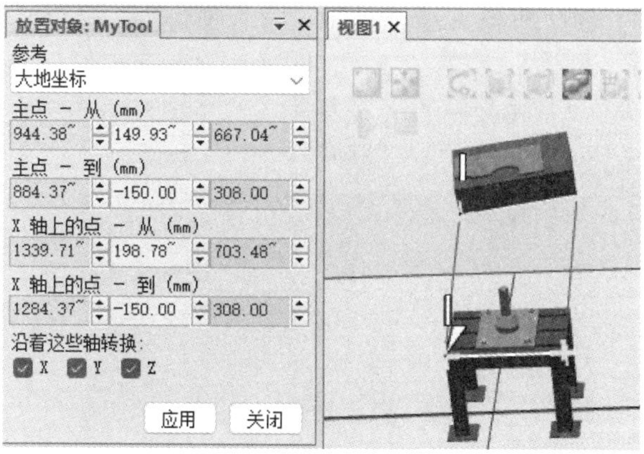

(8) 完成对象的准确放置。

完成上述操作，将"Curve Thing"准确放置到设备表面

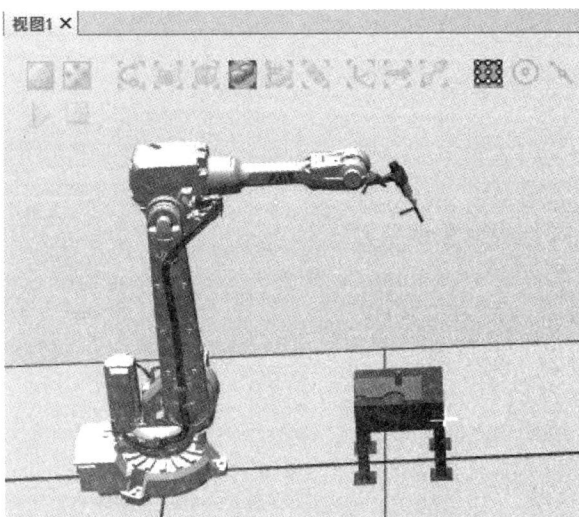

二、工业机器人虚拟控制系统的创建与操作

1. 创建机器人虚拟控制系统

完成工作站的创建和布局后，要为机器人模型建立虚拟控制器，使其具备电气特性，继而完成后续的相关仿真操作。

创建机器人虚拟控制系统的操作步骤如下。

操　作　步　骤	示　意　图
(1) 创建机器人虚拟控制系统。 单击"基本"→"机器人系统"→"从布局...",根据已有布局创建虚拟控制系统	

(2) 设置系统名称和存储位置。 在"从布局创建系统"对话框中，分别对"名称"和"位置"进行设置，设置完成后单击"下一个"	从布局创建系统　　　× **系统名字和位置** 选择系统的位置和RobotWare 版本 System 名称 System2 位置 C:\Users\ding\Documents\RobotStudio\Systems　浏览…… RobotWare　　　位置…… 6.08.00.00 Product Distribution C:\Users\ding\AppData\Local\ABB Industrial IT\Rob... 帮助　取消(C)　<后退　下一个>　完成(F)
(3) 选择系统的机械装置。 ① 在弹出的对话框中，勾选"IRB2600_12_185_02"，单击"下一个"。	从布局创建系统　　　× **选择系统的机械装置** 选择机械装置作为系统的一部分 机械装置 ☑ IRB2600_12_185__02 帮助　取消(C)　<后退　下一个>　完成(F)

② 在弹出的对话框中，单击"完成"，即完成工业机器人虚拟控制系统的创建	
(4) 完成虚拟控制系统的创建。 完成上述操作后，显示界面右下角的"控制器状态"将会变成绿色	

2. 机器人仿真手动操作

在 RobotStudio 仿真软件中，工业机器人虚拟控制系统创建完成后，即可打开工业机器人虚拟示教器，这时可对工业机器人进行仿真手动操作。

1) 虚拟示教器的打开及语言设置

打开虚拟示教器和进行语言设置的具体操作步骤如下。

操 作 步 骤	示 意 图
(1) 打开虚拟示教器。 单击"控制器(C)"→"示教器"→"虚拟示教器"	
(2) 选择手动模式。 单击示教器右侧的▣图标，选择"手动"◉模式	
(3) 选择控制面板。 单击示教器左上角的≡∨图标，在弹出的界面中选择"Control Panel"	

(4) 设置语言。

① 选择 "Language" → "Sets current language"。

② 在语言选项中，选择 "Chinese"，单击 "OK"

(5) 完成语言的更改。

在弹出的 "Restart FlexPendant" 对话框中单击 "Yes"，重新启动虚拟示教器，此时语言被更改为中文模式

2) 关节坐标系下的手动操作

在关节坐标系下，机器人 6 个关节手动操作的步骤如下。

操　作　步　骤	示　意　图
(1) 进入手动操纵界面。单击示教器左上角的 ≡∨ 图标，在弹出的界面中选择"手动操纵"	
(2) 电机上电。单击示教器右侧操纵杆上方的使能键"Enable"开启电机	

(3) 手动操作"1轴"。 单击操纵杆的左右方向箭头，操作机器人"1轴"的正反向运动	
(4) 手动操作"2轴"。 单击操纵杆的上下方向箭头，操作机器人"2轴"的正反向运动	
(5) 手动操作"3轴"。 单击操纵杆的顺时针和逆时针方向箭头，操作机器人"3轴"的正反向运动	

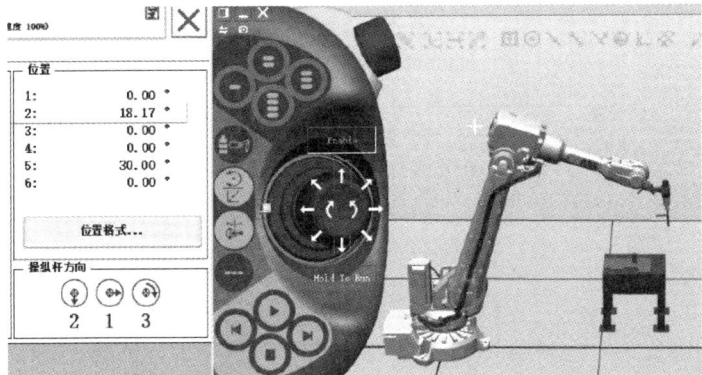

（6）"轴4-6"运动模式。 修改"手动操纵"界面的"动作模式"为"轴4-6"，与操作"轴1-3"的方法类似，单击操纵杆的方向箭头，即可操作"轴4-6"的运动	
（7）"机械装置手动关节"运动。 单击"布局"选项卡，右键单击"IRB2600_12_185_02"，选择"机械装置手动关节"	
（8）手动改变机器人位姿。 分别设"1轴"为"10"，"2轴"为"−5"，"3轴"为"10"，"4轴"为"−30"，"5轴"为"40"，"6轴"为"30"，完成对机器人位姿的设定	

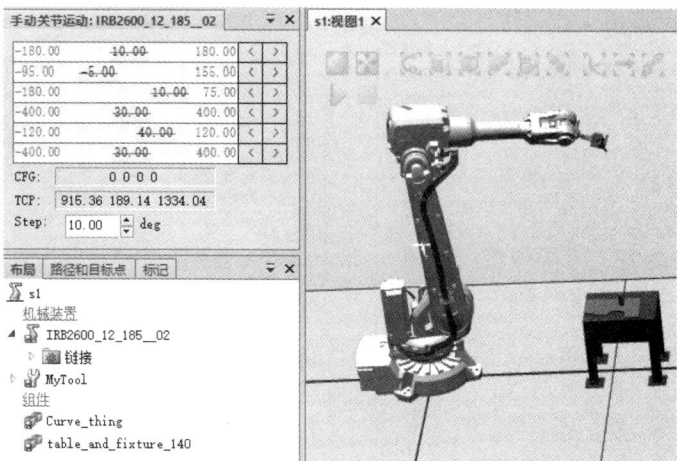

3) 基坐标系下的手动操作

在基坐标系下,机器人手动操作的具体步骤如下。

操 作 步 骤	示 意 图
(1) 选择"线性"操作。 在"手动操纵-动作模式"中选择"线性"	
(2) X 轴运动。 单击操纵杆垂直方向的箭头,可操作机器人沿 X 轴方向的运动	
(3) Y 轴运动。 单击操纵杆水平方向的箭头,可操作机器人沿 Y 轴方向的运动	

操　作　步　骤	示　意　图
(4) Z 轴运动。 　单击操纵杆顺时针和逆时针方向的箭头，可操作机器人沿 Z 轴方向的运动	

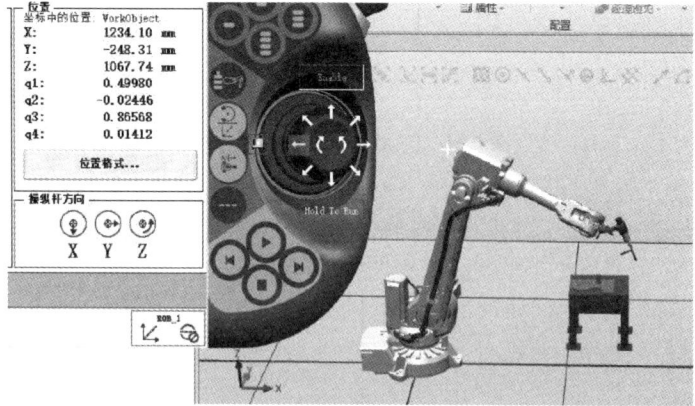

三、路径创建与离线编程

1. 创建机器人工件坐标

在 RobotStudio 中，对工件对象创建工件坐标的操作步骤如下。

操　作　步　骤	示　意　图
(1) 创建工件坐标。 　单击"其他"→"创建工件坐标"	
(2) 选择捕捉工具。 　在"视图 1"界面中，单击"选择表面" ■ 和"捕捉末端" ■ 快捷工具	

（3）选择"三点"方式创建工件坐标框架。 在"创建工件坐标"选项卡中，单击"工件坐标框架"下的"取点创建框架"，选择"三点"方式	
（4）设定 X 轴上的第一个点。 单击"X 轴上第一个点(mm)"，再单击工件表面 X 轴左端角点。此时，系统将自动捕捉到该点的坐标值，并将该值填入对应的文本框中	
（5）取 X 轴上的第二个点。 单击"X 轴上第二个点(mm)"，再单击工件表面 X 轴右端角点	

操 作 步 骤	示 意 图
(6) 取 Y 轴上的点。 　单击"Y 轴上的点(mm)"，再单击工件表面 Y 轴左上端角点，最后单击"Accept"	
(7) 完成工件坐标的创建。 　通过以上操作，完成对工件坐标"Workobject_1"的创建	

2. 路径创建及离线示教编程

在 RobotStudio 中，工业机器人的运动轨迹是通过 RAPID 程序指令控制的，机器人工具在工件坐标"Workobject_1"中沿工作台四周运动一圈的操作步骤如下。

操 作 步 骤	示 意 图
(1) 生成空路径。 　单击"路径"→"空路径"	
(2) 选择工具。 　单击"工具"的下拉箭头，选择其中的"MyTool"	

(3) 机器人回到机械原点。右键单击"IRB2600_12_185_02",在弹出的菜单中选择"回到机械原点"	
(4) 设置运动指令和参数。在软件界面右下方可以设定 RAPID 程序运动指令模板,本例中设定为"MoveAbsJ v150 fine MyTool \WObj: = workobject_1"	MoveAbsJ ▾ * v150 ▾ fine ▾ MyTool ▾ \WObj:=Workobject_1 ▾
(5) 设置路径起始点。单击"示教指令"	
(6) 更改运动指令和参数。更改指令和参数为"MoveJ v150 fine MyTool \ WObj:= workobject_1"	MoveJ ▾ * v150 ▾ fine ▾ MyTool ▾ \WObj:=Workobject_1

（7）对准第一个角点。 ① 在"视图1"界面中，单击"选择表面"和"捕捉末端"快捷工具。	
② 单击"手动线性"功能，拖动机器人工具末端，使其对准工作台左下角点。	
③ 重复上述操作步骤(5)、(即单击"示教指令")，完成第2条指令的创建	

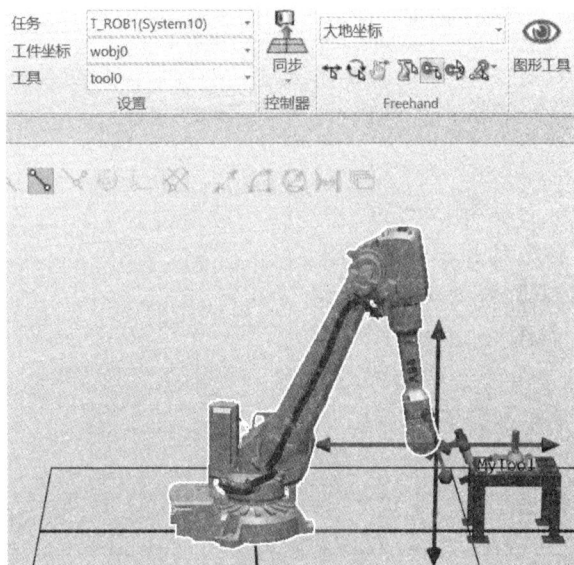

(8) 更改运动指令和参数。 更改指令和参数为"MoveL v150 fine MyTool \Wobj := workobject_1"	MoveL ▾ * v150 ▾ fine ▾ MyTool ▾ \WObj:=Workobject_1
(9) 对准第二个角点。 继续拖动机器人工具末端，使其对准工作台右下角点，重复上述操作步骤(5)(即单击"示教指令")，完成第 3 条指令的创建	
(10) 对准第三个角点。 继续拖动机器人工具末端，使其对准工作台右上角点，重复上述操作步骤(5)(即单击"示教指令")，完成第 4 条指令的创建	
(11) 对准第四个角点。 继续拖动机器人工具末端，使其对准工作台左上角点，重复上述操作步骤(5)(即单击"示教指令")，完成第 5 条指令的创建	

(12) 回到第一个角点。 继续拖动机器人工具末端,使其对准工作台左下角点,重复上述操作步骤(5)(即单击"示教指令"),完成第 6 条指令的创建	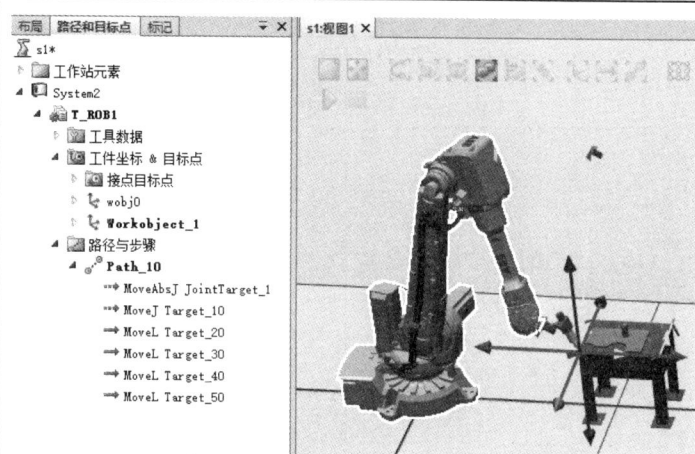
(13) 复制第 1 条指令。 右键单击"MoveAbsJ JointTarget_1"指令,选择"复制"	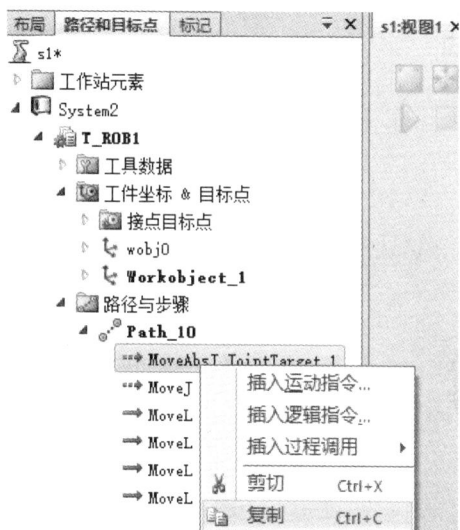
(14) 粘贴第 1 条指令。 右键单击"MoveL Target_50"指令,选择"粘贴"	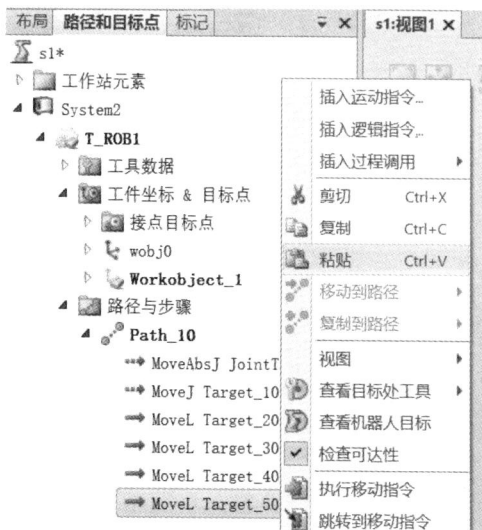

(15) 自动配置移动指令。 右键单击"Path_10",选择"自动配置"中的"所有移动指令",测试所有指令是否可达	
(16) 沿路径运动。 右键单击"Path_10",选择"沿着路径运动"。 至此,机器人工具在工作坐标"Workobjetc-1"中沿工作台四周运动一圈操作完成	

四、仿真运行与视频录制

1. 仿真运行

在 RobotStudio 软件中,将工作站路径、目标和工件坐标等信息同步到虚拟控制器后,可对工作站内的工业机器人进行仿真运行,机器人仿真运行的操作步骤如下。

操 作 步 骤	示 意 图
(1) 同步到 RAPID。 单击"同步"→"同步到 RAPID…",在弹出的对话框中勾选所有同步内容,单击"确定"	
(2) 仿真设定。 在"仿真设定"选项卡中,单击"T_ROB1",在"进入点"下拉框中选择"Path_10"	
(3) 仿真运行。 单击"播放"按钮,机器人仿真运行开始	

2. 视频录制

在 RobotStudio 软件中，可将工作站内的工业机器人运行过程录制成视频，也可制作成可执行文件，这样便于查看工业机器人的运行情况。视频录制和制作可执行文件的操作步骤如下所示。

操 作 步 骤	示 意 图
(1) 录像参数设置。 ① 单击"文件"→"选项"。	
② 单击"屏幕录像机"，在右边的界面中可设置"录像压缩方式""位置""文件名"等录像参数，参数设置完成后，单击"确定"	
(2) 录制 MP4 文件。 单击"仿真录像"→"播放"，等待仿真运行结束；单击"查看录像"，即可查看刚才录制的视频	

| (3) 生成可执行文件。单击"播放"→"录制视图",录制完成后即可自动生成可执行文件 | |

任务 1.4　学习 RobotStudio 软件的建模功能

在 RobotStudio 软件中,不仅可以创建圆柱、圆锥、矩形体等简单模型,也支持第三方建模软件模型的导入,如 UG、SolidWorks 和 CATIA 等主流建模软件,从而完成仿真环境的布局。

一、简单的建模功能

矩形体模型的创建步骤如下。

操　作　步　骤	示　意　图
(1) 创建工作站。打开 RobotStudio 软件,单击"文件"→"新建"→"空工作站"菜单命令,再单击"创建"按钮	

（2）创建矩形体。 单击"固体"→"矩形体"	
（3）设定矩形体参数。 在"创建方体"界面中，设定矩形体长度、宽度、高度都为 200 mm，然后单击"创建"。矩形体模型的创建完成	

二、机械装置的创建

在仿真过程中，为了展示手爪张开闭合、变位机转动、气缸推动等动画效果，需要给模型创建机械装置，以建立运动关节和姿态。下面介绍滑台机械装置的创建步骤。

操 作 步 骤	示　意　图
（1）创建工作站。 打开 RobotStudio 软件，单击"文件"→"新建"→"空工作站"菜单命令，再单击右下角的"创建"按钮	

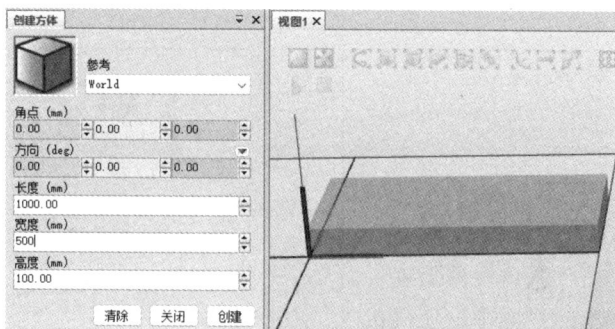

(2) 创建矩形体。 单击"固体"→"矩形体"	
(3) 设定矩形体参数。 ① 在"创建方体"界面中，设定第一个矩形体的长度、宽度、高度分别为1000、500 和 100，设置完成后单击"创建"按钮。	
② 在"创建方体"界面中，设定第二个矩形体角点为 0、50 和 100，长度、宽度、高度分别为 200、400 和 100，设置完成后单击"创建"按钮	
(4) 重命名矩形体。 ① 在"布局"选项卡中，右键单击"部件_1"，在弹出的菜单中选择"重命名"。	

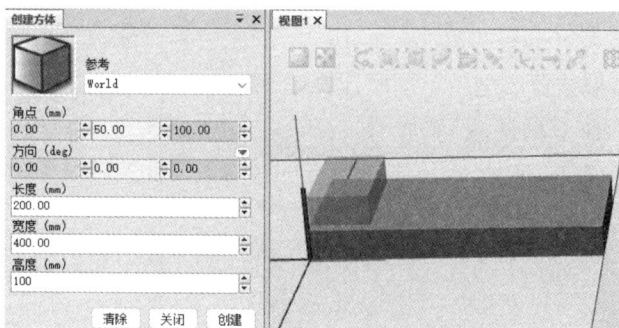

② 将"部件_1"重命名为"滑台"。采用相同的操作，将"部件_2"重命名为"滑块"	**布局** 物理 标记 ⧗ [未保存工作站]* 　组件 ▷ 🎁 滑台 ▷ 🎁 滑块
(5) 创建机械装置。 　单击"创建机械装置"，在弹出的界面中，在"机械装置模型名称"文本框中输入"滑台设备"，在"机械装置类型"下拉框中选择"设备"，然后双击"链接"	创建机械装置　创建工具　创建输送带　创建连接 机械 **创建 机械装置**　❌ 机械装置模型名称 滑台设备 机械装置类型 设备　∨ ⊟ ⚙ 滑台设备 　🚫 链接 　🚫 接点 　✅ 框架 　✅ 校准 　✅ 依赖性
(6) 设置第一个链接L1。 　在"创建链接"界面中，设置"链接名称"为"L1"；在"所选组件"下拉框中选择"滑台"，并将其添加到右方文本框中；勾选"设置为 BaseLink"选项。最后单击"应用"按钮	**创建 链接** 链接名称 L1 所选组件：　　　　　　　　▶　已添加的主页 滑台　　　　　　∨　　　　　滑台 ☑ 设置为 BaseLink　　　　　　　移除组件 所选组件 部件位置（mm） 0.00　　0.00　　0.00 部件朝向（deg）　　　　　　　　　应用到组件 0.00　　0.00　　0.00 　　　确定　　　取消　　　应用

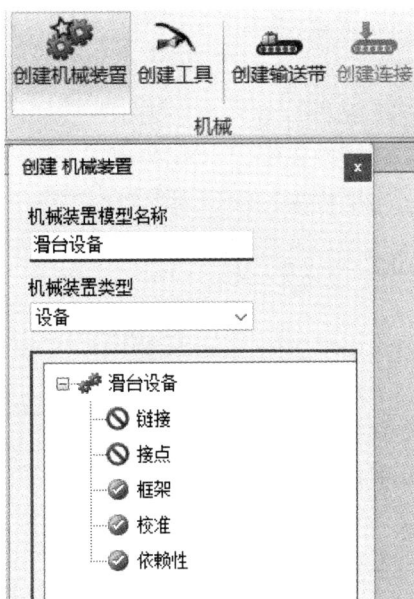

(7) 设置第二个链接L2。 　　设置"链接名称"为"L2"；在"所选组件"下拉框中选择"滑块"，并将其添加到右方文本框中。最后单击"确定"按钮	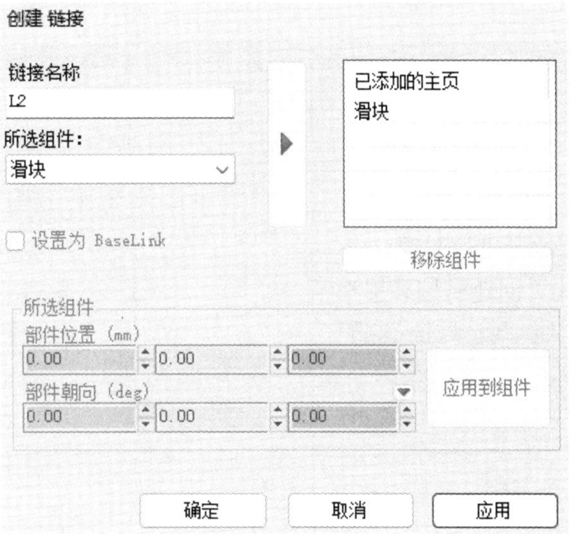 **创建 链接** 链接名称 L2 所选组件： 滑块 已添加的主页 滑块 ☐ 设置为 BaseLink 移除组件 所选组件 部件位置 (mm) 0.00　0.00　0.00 部件朝向 (deg) 0.00　0.00　0.00 应用到组件 确定　取消　应用
(8) 设置关节J1。 　　双击上述步骤(5)示意图中的"接点"，在弹出的界面中设置"关节名称"为"J1"，"关节类型"选择"往复的"，"父链接"和"子链接"分别选择为"L1 (BaseLink)"和"L2"。"关节轴"的"第一个位置(mm)"和"第二个位置(mm)"分别设置为"0""0""100"和"1000""0""100""关节限值"的"最小限值(mm)"和"最大限值(mm)"分别设置为"0"和"700"，最后单击"确定"按钮	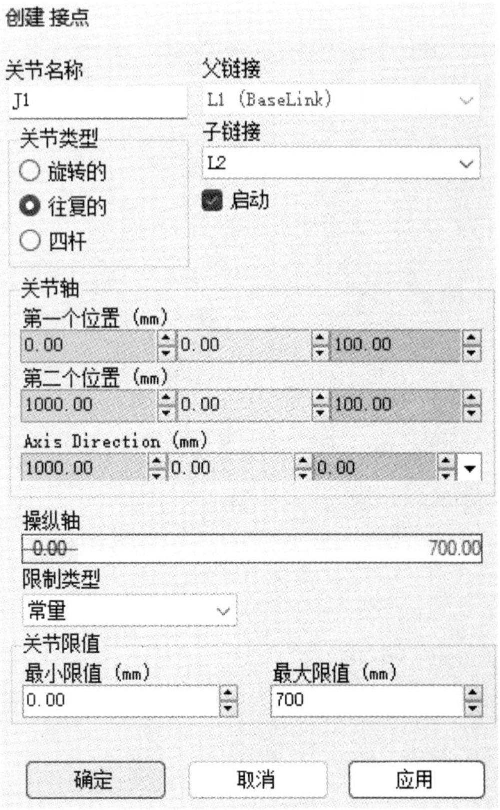 **创建 接点** 关节名称　　父链接 J1　　　　　L1 (BaseLink) 关节类型　　子链接 ○ 旋转的　　L2 ● 往复的　　☑ 启动 ○ 四杆 关节轴 第一个位置 (mm) 0.00　0.00　100.00 第二个位置 (mm) 1000.00　0.00　100.00 Axis Direction (mm) 1000.00　0.00　0.00 操纵轴 0.00　　　　　　　　700.00 限制类型 常量 关节限值 最小限值 (mm)　最大限值 (mm) 0.00　　　　　700 确定　取消　应用

(9) 编译机械装置。 单击"创建机械装置"界面下方的"编译机械装置"	
(10) 添加滑台姿态。 ① 单击"姿态"界面底部的"添加"。	
② 将"关节值"的滑块拖至"700",单击"确定"按钮	

(11) 设置转换时间。 ① 单击"姿态"界面底部的"设置转换时间"。	**姿态** 姿态名称　姿态值 同步位置　[0.00] 姿态 1　　[700.00] 添加　编辑　删除 设置转换时间
② 在"设置转换时间"界面中，设置"同步位置"和"姿态 1"之间的转换时间为"4 s"，最后单击"确定"按钮	设置转换时间 转换时间（s） 到达姿态：　起始姿态： 　　同步位置　姿态 1 同步位置　　　4.000 ▶ 姿态 1　　4.000 确定　取消
(12) 滑块在滑台上移动。 单击"手动关节"图标，用鼠标拖动滑块在滑台上移动。至此，滑台机械装置的创建完成	 J1=360.02 mm
(13) 保存机械装置。 在"布局"选项卡中，右键单击"滑台设备"，在弹出的列表中选择"保存为库文件…"命令，并将其保存为库文件以便调用	布局|物理|标记 [未保存工作站]* 机械装置 滑台设备 链接 剪切　Ctrl+X 复制　Ctrl+C 保存为库文件… 断开与库的连接 ✓ 可见 检查

三、机器人工具的创建

在任务 1.3 中，机器人末端安装了 RobotStudio 软件自带模型库中的工具"myTool"，此时，工具末端会自动生成工具坐标系。然而，在构建仿真工作站时，往往需要安装用户自定义工具，下面介绍如何将自定义工具模型正确安装到机器人末端法兰盘，并创建对应的工具坐标数据。

将自定义工具模型安装到机器人法兰盘的原理是将工具模型法兰盘本地坐标系与工业机器人法兰盘坐标系 tool0 调整到重合。先将工具模型法兰盘中心放置到大地坐标系原点，再调整工具模型姿态至期望姿态，接着将本地原点坐标位置和方向设置为[0,0,0,0,0,0]。此时，观察工具本地坐标系和 tool0 方向是否一致：若一致则将工具模型直接安装到工业机器人法兰盘；若不一致则调整工具本地坐标系方向，使其和 tool0 重合，再将工具模型直接安装到工业机器人法兰盘。

1. 设定工具本地坐标系

下面以单吸盘工具模型为例，介绍机器人工具本地坐标系设定的步骤。

操 作 步 骤	示 意 图
(1) 创建工作站。 打开 RobotStudio 软件，单击"文件"→"新建"→"空工作站"菜单命令，再单击"创建"按钮	
(2) 导入单吸盘工具模型。 ① 单击"基本"→"导入几何体"→"浏览几何体"，导入工具模型"单吸盘.stp"。	

② 导入后的单吸盘工具模型如右图所示	
(3) 导入机器人模型。 单击"基本"→"ABB模型库",选择其中的"IRB 120"机器人	
(4) 隐藏机器人模型。 右键单击"IRB120_3_58_01",在弹出的菜单中勾除"可见"功能	

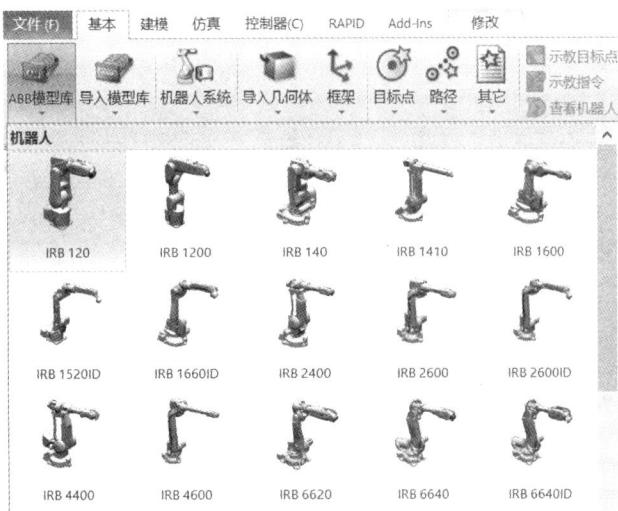

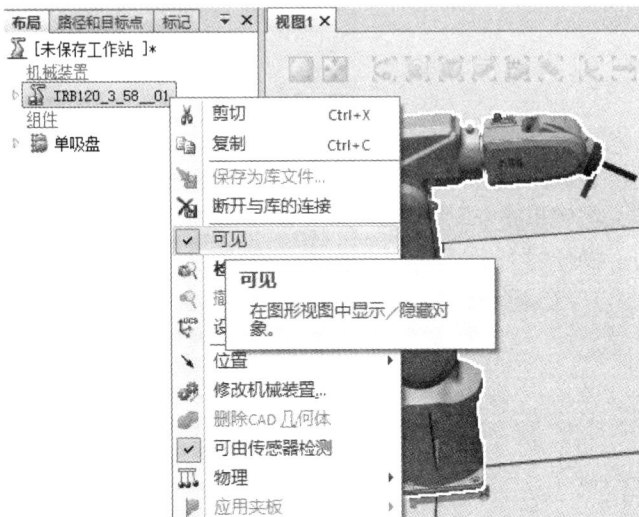

(5) 调整工具姿态。 ① 右键单击"单吸盘"，选择"位置"→"旋转…"功能。	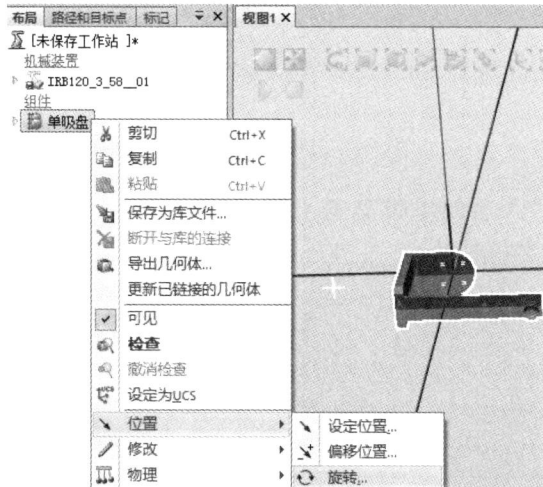
② 在大地坐标系下，单吸盘分别绕X轴和Y轴旋转90°和-90°，旋转后姿态如"视图1"所示	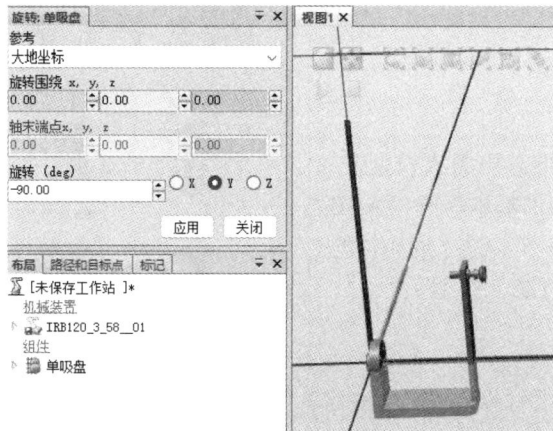
(6) 设定工具本地原点。 ① 右键单击"单吸盘"，选择"修改"→"设定本地原点"功能。	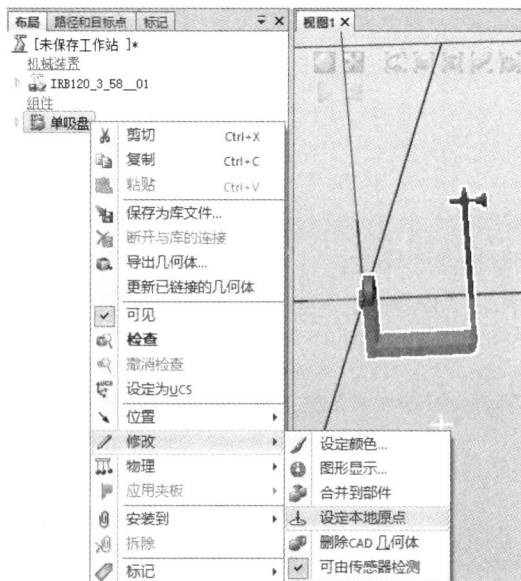

② 将工具本地原点位置数据全部设置为 0.00，方向数据设置为 0.00、90.00、0.00，单击"应用"按钮	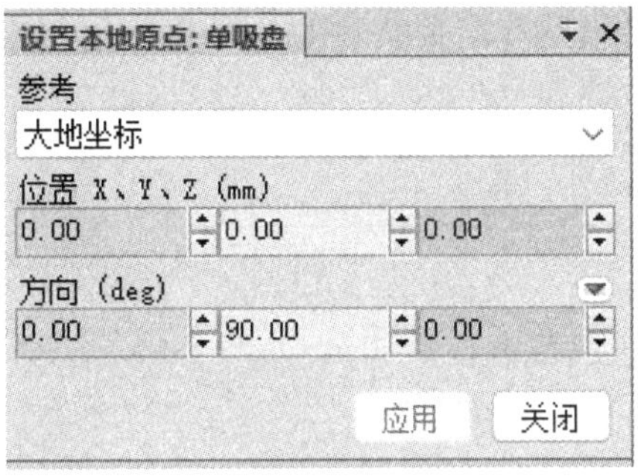
(7) 安装工具。 ① 拖动"单吸盘"至"IRB120_3_58__01"，在弹出的"更新位置"对话框中，单击"是"完成安装。	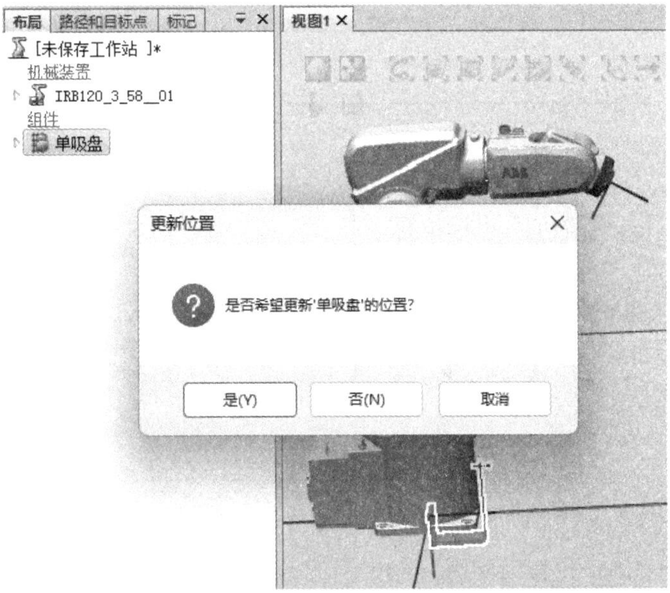
② 工具安装完成的效果如图所示	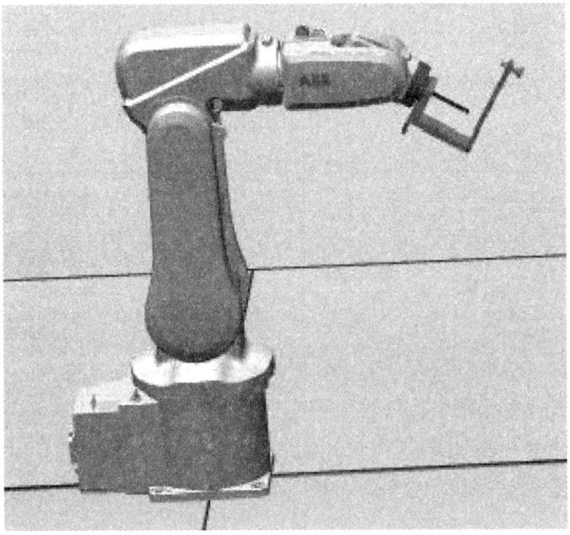

2. 创建工具数据

工具安装完成后，需要进一步创建工具坐标系、工具重量、工具重心等相关工具数据，具体的操作步骤如下。

操 作 步 骤	示 意 图
(1) 创建工具数据。 在"路径和目标点"选项卡中，右键单击"工具数据"，在弹出的列表中选择"创建工具数据"	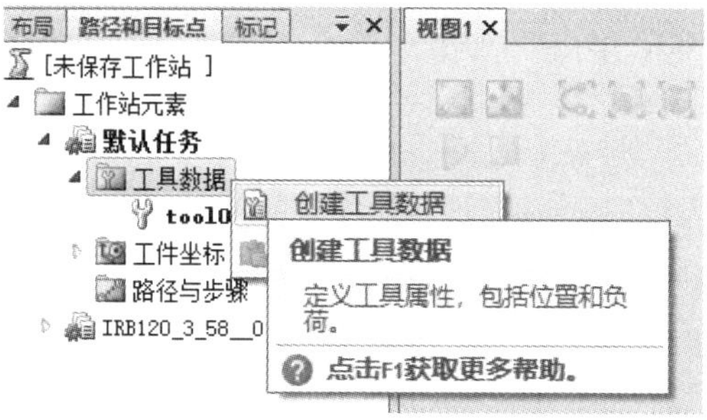
(2) 设定工具坐标位置。 ① 在"创建工具数据"对话框中，单击"工具坐标框架"中的"位置"。	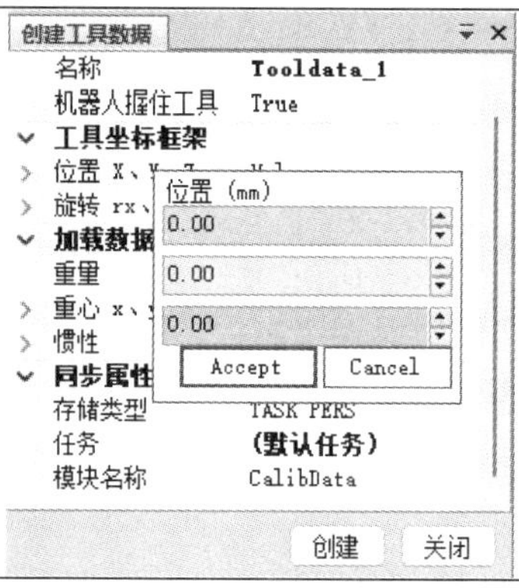
② 在视图界面中单击"选择物体"和"捕捉中心"两个快捷功能，然后捕捉吸盘的中心位置。	
③ 在弹出的"位置"对话框中，设置物体在 X 轴、Y 轴和 Z 轴上的大小，如右图所示，然后再单击"Accept"按钮	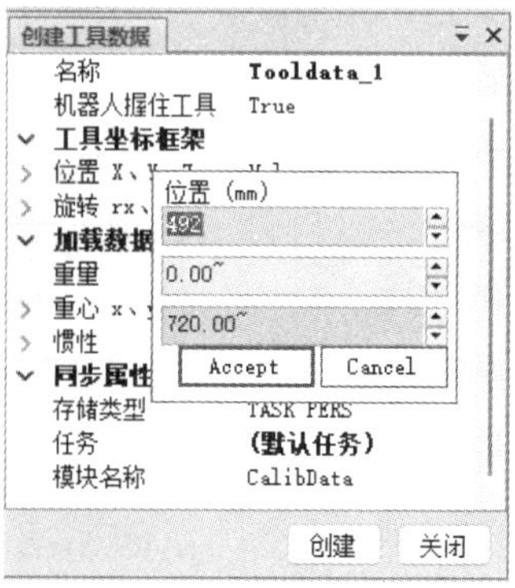

（3）设定工具坐标方向。单击"工具坐标框架"中的"旋转"，在弹出的对话框中，设定"旋转"角度为 0.00、90.00、0.00，然后单击"Accept"按钮	**创建工具数据** 名称　Tooldata_1 机器人握住工具　True **工具坐标框架** 位置 X、Y、Z　Values... 旋转 rx、ry、rz Values **加载数据**　○ RPY (EulerZYX) 重量　○ 四元数 重心 x、y、z　旋转 (deg) 惯性　0.00 **同步属性** 存储类型　90 任务 模块名称　0.00 　Accept　Cancel
（4）完成工具数据创建。 ①单击"创建"按钮，工具数据创建完成。	**创建工具数据** 名称　Tooldata_1 机器人握住工具　True **工具坐标框架** 位置 X、Y、Z　Values... 旋转 rx、ry、rz　Values... **加载数据** 重量　1 重心 x、y、z　Values... 惯性　... **同步属性** 存储类型　TASK PERS 任务　**（默认任务）** 模块名称　CalibData 　创建　关闭
②上述操作步骤完成后，单击"路径和目标点"→"工具数据"可以查看新建工具数据"Tooldata_1"	布局　路径和目标点　标记　视图1× ［未保存工作站］ 工作站元素 默认任务 工具数据 tool0 Tooldata_1 工件坐标 & 目标点 路径与步骤 IRB120_3_58__01 Tooldata_1

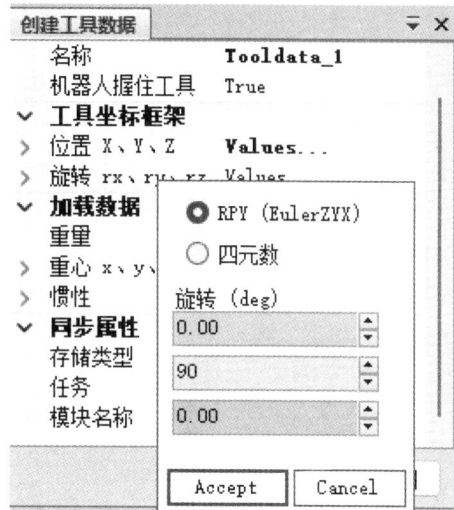

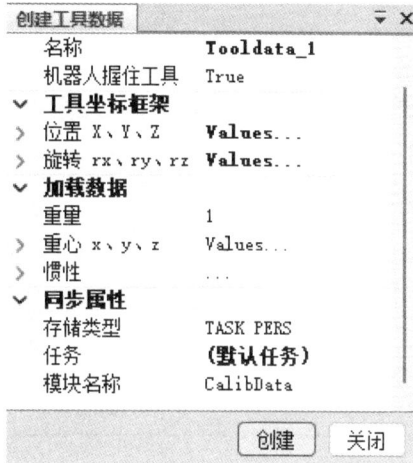

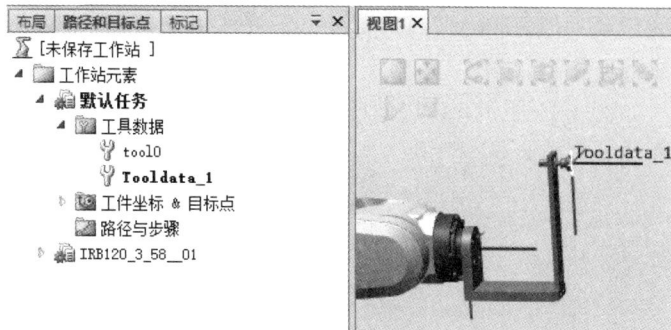

任务 1.5 　　了解 Smart 组件仿真功能

　　Smart 组件是 RobotStudio 的一种对象，其具有内置功能和逻辑功能，用于模拟不属于虚拟控制器组成部分的组件。RobotStudio 软件默认提供了一套用于模型基本动作、信号逻辑运算和传感器检测等仿真的基本 Smart 组件，如图 1-10 所示，运用它可以实现夹持器动作、对象在输送链上移动、物料随机生成等动画效果。Smart 组件还可以保存为库文件，以备复用。

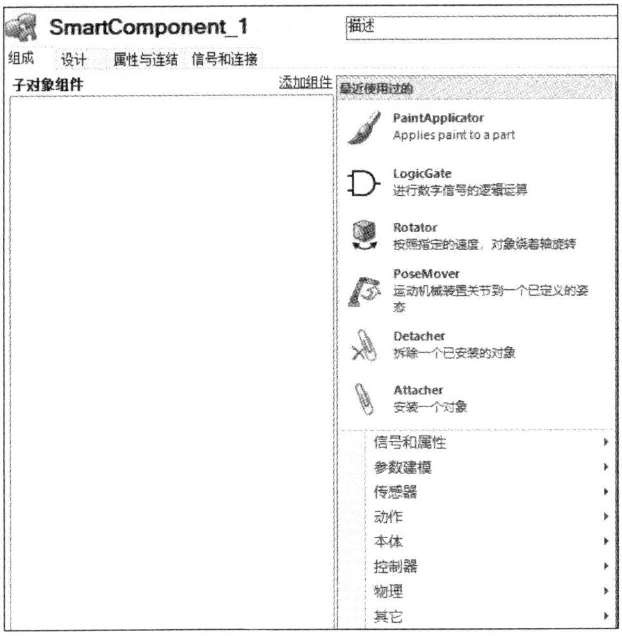

图 1-10　Smart 组件设计和组成界面

　　Smart 组件提供了图形化的编程接口，可用于创建复杂的组件，也可用于构成工作站和开展仿真。如果某个组件属性复杂，且无法用基本的 Smart 组件进行仿真，那么可使用其代码后置功能。利用代码后置功能，开发人员可在组件内编写.NET 套件程序，对 Smart 组件进行自定义。

　　如图 1-11 所示，在"建模"选项卡中，可以单击"Smart 组件"来创建一个新的组件，进而设置其输入/输出和属性。关于 Smart 组件的具体应用将在后面的项目中详细介绍。

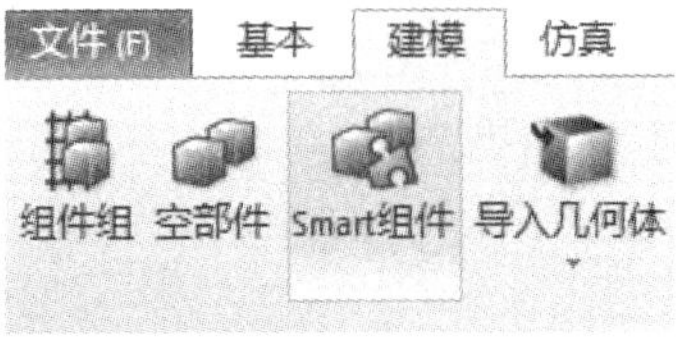

图 1-11　Smart 组件创建界面

学 习 检 测

一、知识检测

判断题

1. 工具坐标系一定和大地坐标系平行。（　　）

2. 在 RobotStudio 软件中，导入的工具模型都能直接安装到机器人法兰盘，无需另外的设置和操作。（　　）

3. 法兰盘坐标系 tool0 一定平行于大地坐标系。（　　）

4. 法兰盘坐标系 tool0 平行于工具坐标系。（　　）

5. TCP 数据是工具坐标系相对于大地坐标系的数值。（　　）

二、技能检测

按照表 1-1 和表 1-2 进行创建简单工作站和 RobotStudio 软件的建模功能相关技能的学习检测。

表 1-1　创建简单工作站技能检测

任务	要　求	评分细则	分值	评分
合理布局工作站	能够正确进行工业机器人及其周边设备的合理布局	(1) 理解任务内容 (2) 任务操作正确	20	
创建虚拟控制系统	(1) 掌握工业机器人系统的概念 (2) 能正确创建工业机器人虚拟控制系统	(1) 理解阐述的概念和任务的内容 (2) 任务操作正确	10	
手动操作工业机器人	能使用关节、线性和重定位模式手动操作工业机器人	(1) 理解任务内容 (2) 任务操作正确	20	
创建指令示教和路径	(1) 能正确设置指令参数模板 (2) 熟练掌握指令示教和路径创建操作	(1) 理解任务内容 (2) 任务操作正确	30	
工作站的仿真运行	能正确设置仿真逻辑和进行仿真操作	(1) 理解任务内容 (2) 任务操作正确	10	
视频录制	能正确录制工作站仿真视频	(1) 理解任务内容 (2) 任务操作正确	10	

表 1-2　RobotStudio 软件的建模功能技能检测

任务	要　求	评分细则	分值	评分
简单建模功能	掌握简单建模操作步骤	(1) 理解任务内容 (2) 任务操作正确	10	
创建机械装置	掌握滑台、滑块机械装置创建步骤	(1) 理解任务内容 (2) 任务操作正确	40	
创建机器人工具	(1) 理解机器人工具的创建原理 (2) 调整工具的位置和方向 (3) 设定本地原点 (4) 调整本地原点方向 (5) 设置工具的 TCP、重量、重心等数据	(1) 理解阐述的概念和任务 (2) 任务操作正确	50	

项目二
搬运工作站离线编程与仿真

项目引入

搬运机器人广泛应用于机械加工、汽车制造、消费电子等行业，它可以替代人工完成大量重复性的搬运工作。特别是在一些数量多、质量重、体积大的场合，搬运机器人可以有效降低劳动强度、提高搬运效率、节省搬运时间。

本项目将学习工业机器人搬运工作站的理论知识和操作技能，学习过程主要以操作学习为主，理论学习为辅。学习内容包括搬运工作站的布局，平口手爪机械装置的创建，搬运动画 Smart 组件的创建、设计和测试，搬运路径离线编程与调试，搬运工作站仿真运行等。

知识目标

(1) 熟悉平口手爪机械装置的创建原理；
(2) 熟悉搬运工作站 Smart 组件的设计原理；
(3) 掌握搬运路径的设计原理和编程指令；
(4) 掌握搬运工作站的仿真逻辑。

能力目标

(1) 掌握平移往复式机械装置的创建方法；
(2) 熟悉搬运动画 Smart 组件的创建、设计和测试方法；
(3) 掌握搬运路径离线编程与调试方法；
(4) 熟悉搬运工作站的仿真运行方法。

项目描述

本项目的主要任务是创建工业机器人搬运仿真工作站，利用平口手爪工具搬运电机外壳工件，创建搬运仿真所需要的 Smart 组件，规划搬运路径并进行离线编程，最后进行仿真演示。

◎ 项目实施

任务 2.1　搬运工作站的布局

1. 工作平台和机器人的布局

搬运工作站工作平台和机器人的布局操作步骤如下。

操 作 步 骤	示 意 图
(1) 创建工作站。 打开 RobotStudio 软件，单击"文件"→"新建"→"空工作站"菜单命令，再单击"创建"按钮	
(2) 导入工作台模型。 ① 单击"基本"→"导入几何体"→"浏览几何体…"。	

② 在弹出的"浏览几何体…"对话框中，导入"实训平台.stp"文件	
(3) 导入机器人模型。 单击"基本"→"ABB模型库"，在机器人模型库中选择"IRB 120"	
(4) 设定机器人位置。 ① 在"布局"选项卡中，右击"IRB120_3_58_01"，在弹出的菜单中选择"位置"→"设定位置…"。	

操作步骤	示意图
② 在弹出的"设定位置 IRB120_3_58_01"界面中，设置"位置 X、Y、Z(mm)"为"0.00""0.00""930.00"，设置"方向(deg)"全部为"0.00"，最后单击"应用"按钮	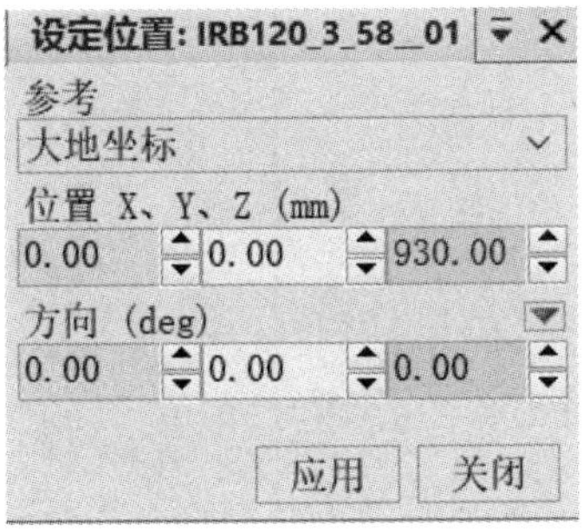

2. 立体仓库、变位机和装配模块的布局

根据 IRB 120 机器人的工作范围，利用两点法将立体仓库模块放置于机器人左侧，具体操作步骤如下。

操作步骤	示意图
(1) 导入立体仓库模型。 单击"基本"→"导入几何体"→"浏览几何体"，在弹出的文件夹中导入"立体仓库模块.stp"文件	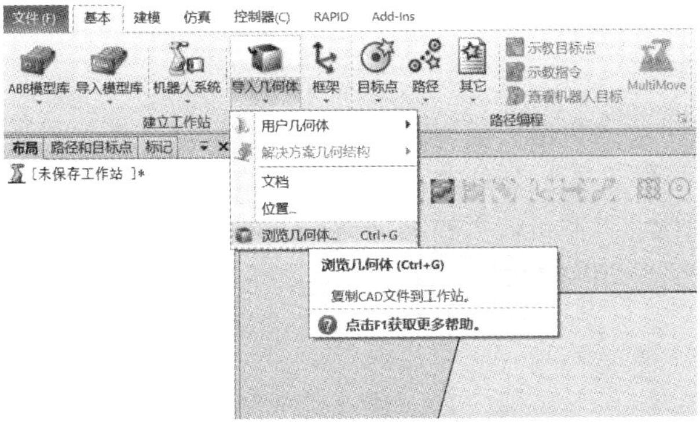
(2) 移动立体仓库模块到工作平台左上方。 ① 单击"移动" ![icon] 命令。	
② 单击"布局"→"仓储模块"组件，利用"视图1"中的方向箭头将立体仓库模块移动到工作平台左上方	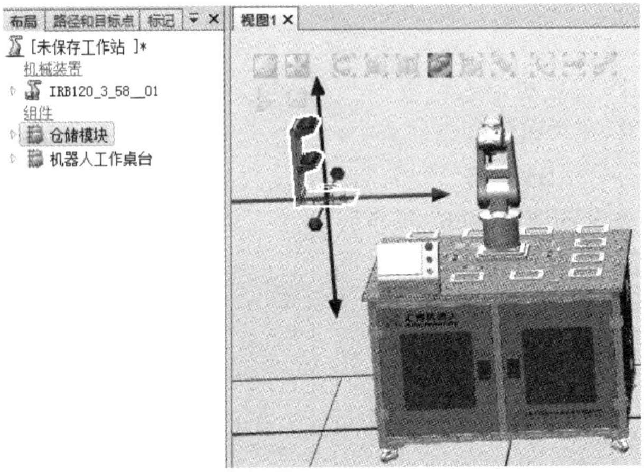

（3）选择两点法移动立体仓库至工作平台左侧。 右键单击"仓储模块"组件，在弹出的菜单中选择"位置"→"放置"→"两点"	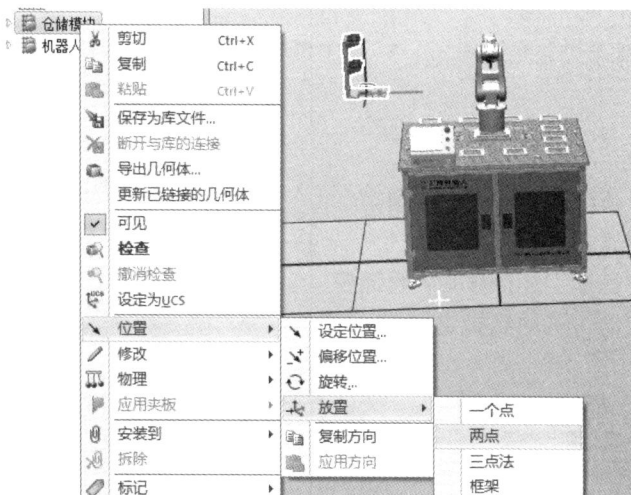
（4）自动获取定位销中心坐标。 单击"主点-从(mm)"文本框，调整工作站视图，单击"选择部件"和"捕捉中心"工具图标，自动获取"zhuangpei:视图 1"中的仓储模块底部的其中一个定位销中心坐标；单击"X轴上的点-从(mm)"文本框，采用同样方法获取另一个定位销的中心坐标	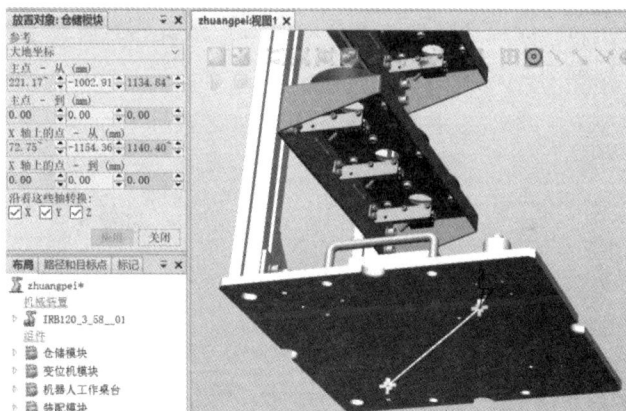
（5）自动获取定位孔中心坐标。 单击"主点-到(mm)"文本框，调整工作站视图，单击"选择部件"和"捕捉中心"工具图标，自动获取"zhuangpei:视图 1"中的一个定位孔中心坐标；单击"X轴上的点-到(mm)"文本框，采用同样方法获取另一个定位孔中心坐标，然后单击"应用"按钮	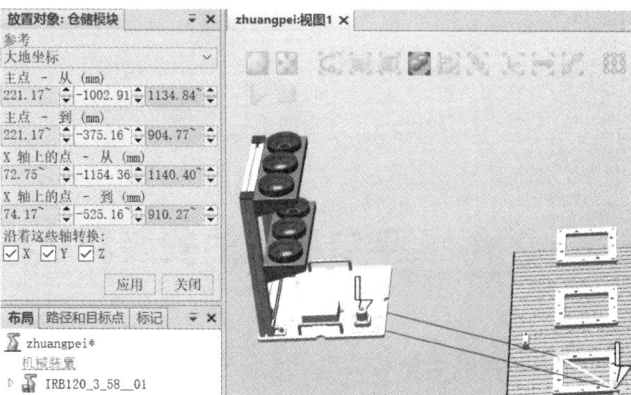

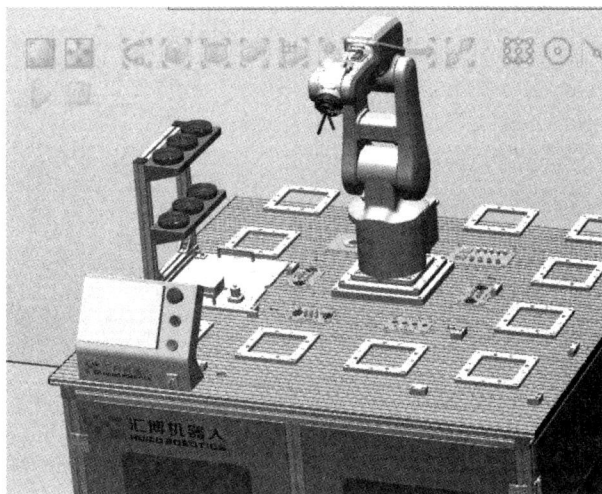

（6）仓储模块移动到指定位置。

完成上述操作后，仓储模块即可移动到指定位置

同理，根据 IRB 120 机器人的工作范围，利用两点法可将变位机模块放置于机器人正前方，将装配模块放置于变位机上方，电机外壳放置于立体仓库第三层，完成布局的搬运工作站如图 2-1 所示。

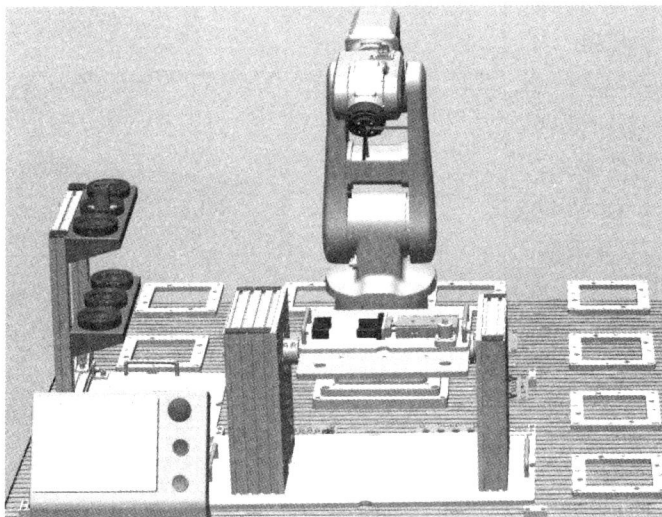

图 2-1　完成布局的搬运工作站

任务 2.2　平口手爪的安装和机械装置的创建

1. 平口手爪的安装

机器人通过安装平口手爪快换工具来完成搬运任务，快换工具由主盘和副盘组成，主盘安装到机器人法兰盘，副盘安装到主盘，操作步骤如下。

操 作 步 骤	示 意 图
（1）导入主盘工具和平口手爪工具模型。 单击"基本"→"导入几何体"→"浏览几何体"，导入"主盘工具.stp"和"平口手爪工具.stp"文件	
（2）将主盘工具安装到机器人法兰盘。 单击"布局"→"主盘工具"按住不放，将其拖动至"IRB120_3_58_01"，在弹出的"更新位置"对话框中，单击"是"	
（3）设定平口手爪工具位置。 ① 在"布局"选项卡中，右键单击"平口手爪工具"，在快捷菜单中选择"位置"→"设定位置…"。	

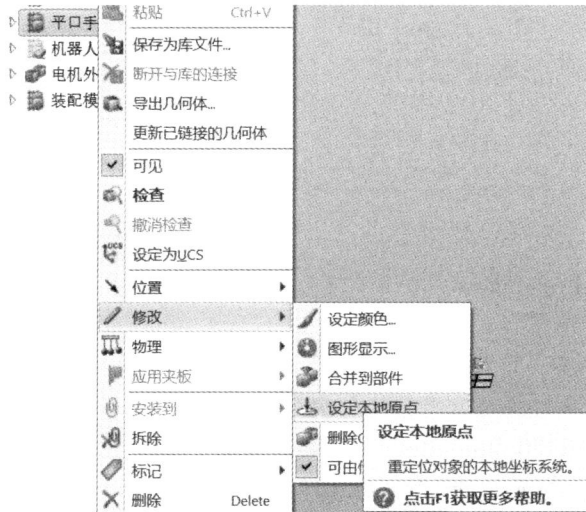

② 在弹出的对话框中，设置"位置 X、Y、Z(mm)"为"0.00""0.00""41.00"，设置"方向(deg)"全部为"0.00"，设置完成后单击"应用"	
(4) 设定平口手爪工具本地原点。 ① 右键单击"平口手爪工具"，在弹出的快捷菜单中，选择"修改"→"设定本地原点"。	
② 在弹出的对话框中，设置"位置 X、Y、Z(mm)"和"方向(deg)"全部为"0.00"，设置完成后单击"应用"	
(5) 平口手爪工具安装到主盘工具。 单击"布局"→"平口手爪工具"按住不放，将其拖动至"IRB120_3_58_01"，在弹出的"更新位置"对话框中单击"是"	

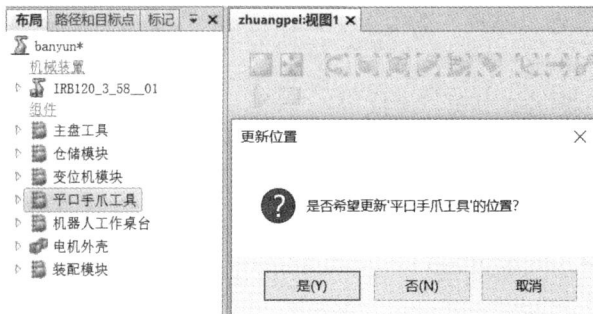

主盘工具和平口手爪工具安装完成后的搬运工作站如图 2-2 所示。

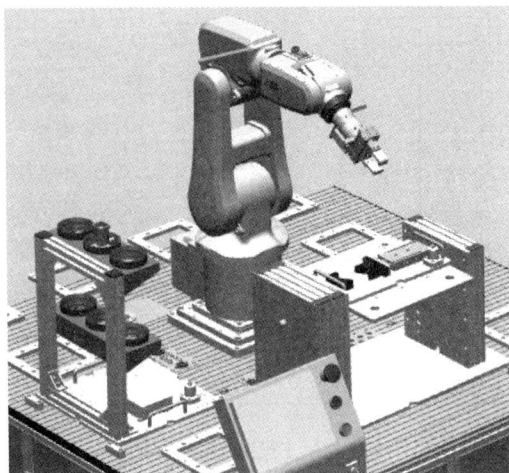

图 2-2　主盘工具和平口手爪工具安装完成后的搬运工作站

2. 平口手爪机械装置的创建

在 RobotStudio 仿真软件中，要实现平口手爪自动开合，首先要创建平移式机械装置，并设置其运动关节、姿态、TCP 等参数，具体操作步骤如下。

操 作 步 骤	示　意　图
(1) 拆除平口手爪工具。 ① 右击"平口手爪工具"，在弹出的快捷菜单中选择"拆除"。	
② 在弹出的"更新位置"对话框中，单击"是"	

(2) 复制平口手爪工具子组件。 单击"平口手爪工具"左侧的三角形展开标志，全选展开的所有子组件并单击右键，在弹出的快捷菜单中选择"复制"	▲ 🔧 平口手爪工具 　▷ 🔧 6kg副盘装 ✂️ 剪切　　　Ctrl+X 　▷ 🔩 CMSH-020-　　📋 复制　　　Ctrl+C 　▷ 🔩 CMSH-020- 　▷ 🔧 HFD12X25 (　　📋 粘贴　　　Ctrl+V 　▷ 🔧 XCZBC.03.（　　🔧 保存为库文件… 　▷ 🔧 XCZBC.03.（　　✂️ 断开与库的连接 　▷ 🔧 XCZBC.03.（ 　▷ 🔧 XCZBC.03.（　　🔧 导出几何体… 　▷ 🔧 XCZBC.03A.　　✔️ 可见 ▷ 🤖 机器人工作桌　　🔍 检查 　　　　　　　　　　　撤消检查
(3) 粘贴平口手爪工具子组件到工作站。 ① 在"布局"选项卡中，右键单击工作站图标"🔩 banyun *"，在弹出的快捷菜单中选择"粘贴"。	布局　标记　物理　　　　　　　≡ ✕ 🔩 banyun* 机械装　　📋 粘贴　　　　Ctrl+V ▷ 🤖 IRB　　🔧 浏览库文件…　Ctrl+J 组件　　　🔧 浏览几何体…　Ctrl+G ▷ 🔧 主　　🔧 导出几何体… ▷ 🔧 仓　　　更新已链接的几何体 ▷ 🔧 变 ▲ 🔧 平　　　设定为UCS
② 右键单击"平口手爪工具"，在弹出的菜单中选择"删除"	路径和目标点　布局　标记 🔩 banyun 机械装置 ▷ 🔩 IRB120_3_58__01 组件 ▷ 🔧 平口手爪工具 　　　　　　✂️ 剪切　　　　　Ctrl+X 　　　　　　📋 复制　　　　　Ctrl+C 　　　　　　📋 粘贴　　　　　Ctrl+V 　　　　　　🔧 保存为库文件… 　　　　　　✂️ 断开与库的连接 　　　　　　🔧 导出几何体… 　　　　　　　更新已链接的几何体 　　　　　　✔️ 可见 　　　　　　🔍 检查 　　　　　　🔍 撤消检查 　　　　　　🔧 设定为UCS 　　　　　　✏️ 位置　　　　　▶ 　　　　　　✏️ 修改　　　　　▶ 　　　　　　🔧 物理　　　　　▶ 　　　　　　🚩 应用夹板　　　▶ 　　　　　　🔧 安装到　　　　▶ 　　　　　　🔧 拆除 　　　　　　🔧 标记　　　　　▶ 　　　　　　✕ 删除　　　　　Delete

(4) 创建机械装置。 单击"创建机械装置"快捷工具命令	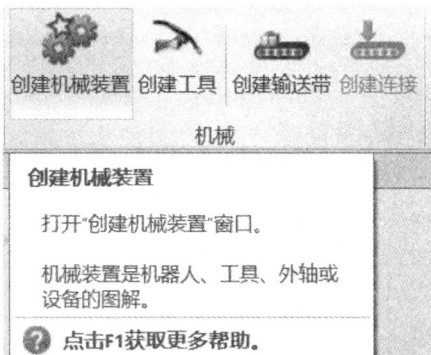
(5) 设置机械装置模型名称和类型。 在"机械装置模型名称"文本框中输入"平口手爪"，在"机械装置类型"下拉框中选择"工具"	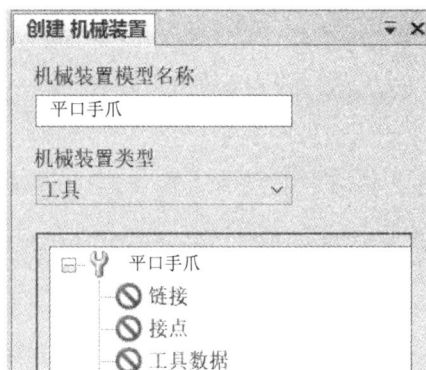
(6) 设置第一个链接 L1。 双击步骤(5)图中的"链接"，在弹出的"创建链接"对话框中，设置"链接名称"为"L1"，在"所选组件"下拉菜单中，依次将右图中的5 个组件添加到文本框中，并勾选"设置为 BaseLink"选项，最后单击"应用"	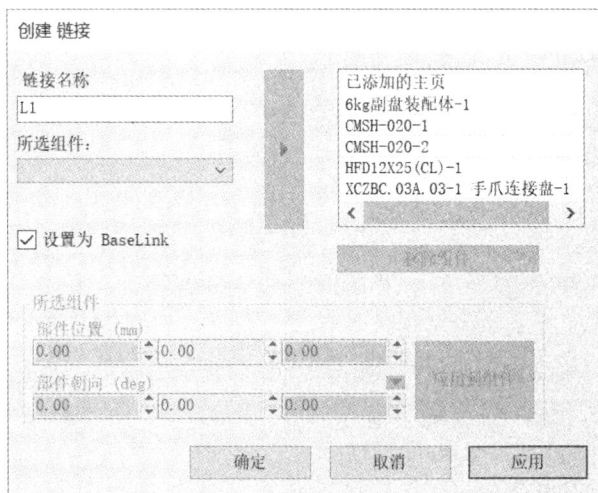

(7) 设置第二个链接 L2。在"创建链接"对话框中，继续设置"链接名称"为"L2"，在"所选组件"下拉菜单中，依次将右图中的 2 个组件添加到文本框中，最后单击"应用"	创建 链接 链接名称 L2 所选组件： XCZBC.03.04-2B 手爪-1 ▽ □ 设置为 BaseLink 所选组件 部件位置 (mm) 0.00　0.00　0.00 部件朝向 (deg) 0.00　0.00　0.00 已添加的主页 XCZBC.03.03-2A 手爪连接块-1 XCZBC.03.04-2B 手爪-1 移除组件 应用到组件 确定　取消　应用
(8) 设置第三个链接 L3。在"创建链接"对话框中，继续设置"链接名称"为"L3"，在"所选组件"下拉菜单中，依次将右图中的 2 个组件添加到文本框中，最后单击"确定"	创建 链接 链接名称 L3 所选组件： XCZBC.03.04-2B 手爪-2 ▽ □ 设置为 BaseLink 所选组件 部件位置 (mm) 0.00　0.00　0.00 部件朝向 (deg) 0.00　0.00　0.00 已添加的主页 XCZBC.03.03-2A 手爪连接块-2 XCZBC.03.04-2B 手爪-2 移除选择 应用到组件 确定　取消　应用
(9) 设置第一个关节 J1。双击步骤(5)图中的"接点"，在弹出的"创建接点"对话框中，设置"关节名称"为"J1"；"关节类型"选择"往复的"；"父链接"和"子链接"分别选择为"L1 (BaseLink)"和"L2"；在"关节轴"中，将"第二个位置 (mm)"设置为"-1""0.00""0.00"；在"关节限值"中，将"最小限值(mm)"和"最大限值(mm)"分别设置为"0.00"和"8.00"，最后单击"应用"	创建 接点 关节名称　父链接 J1　L1 (BaseLink) ▽ 关节类型　子链接 ○ 旋转的　L2 ▽ ● 往复的　☑ 启动 ○ 四杆 关节轴 第一个位置 (mm) 0.00　0.00　0.00 第二个位置 (mm) -1　0.00　0.00 Axis Direction (mm) -1.00　0.00　0.00 操纵轴 0.00　　　　8.00 限制类型 常量 ▽ 关节限值 最小限值 (mm)　最大限值 (mm) 0.00　8.00 确定　取消　应用

（10）设置第二个关节J2。

在"修改接点"对话框中，继续设置"关节名称"为"J2"；"关节类型"选择"往复的"；"父链接"和"子链接"分别为"L1(Baselink)"和"L3"；在"关节轴"中，将"第二个位置(mm)"设置为"1.00""0.00""0.00"；在"关节限值"中，将"最小限值"和"最大限值"分别设置为"0.00"和"8.00"，最后单击"确定"

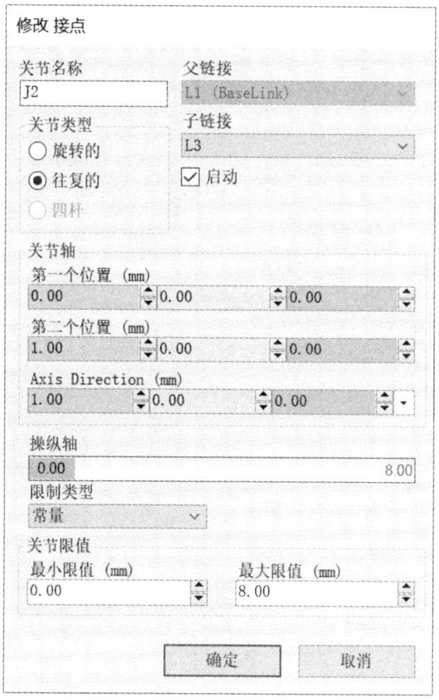

（11）设置工具数据。

双击步骤(5)图中的"工具数据"，在弹出的"创建工具数据"对话框中，将"工具数据名称"设置为"CarryTool"，在"属于链接"下拉框中选择"L1(BaseLink)"，将"位置(mm)"设置为"0.00""0.00""156.00"，"方向(deg)"全部设置为"0.00"，最后单击"确定"

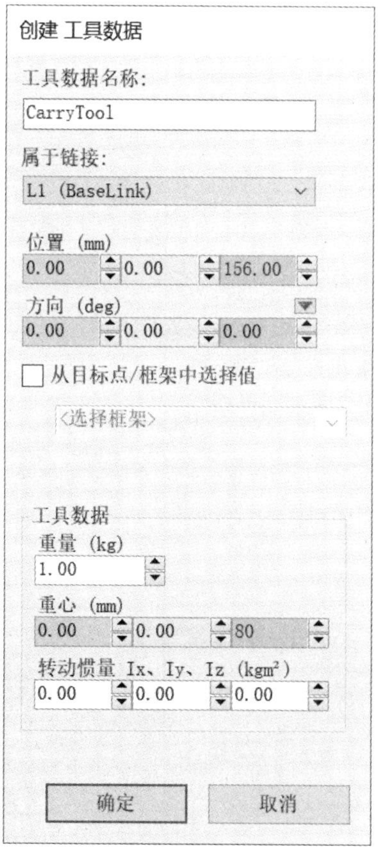

(12) 编译机械装置。 单击"创建机械装置"对话框中的"编译机械装置"按钮	创建 机械装置 机械装置模型名称 平口手抓 机械装置类型 工具 □ 平口手抓 　⊞ 链接 　⊞ 接点 　⊞ 工具数据 　　校准 　　依赖性 编译机械装置　　关闭
(13) 添加平口手爪姿态。 在"创建机械装置"对话框的底部，单击"添加"按钮	创建 机械装置 机械装置模型名称 平口手抓 机械装置类型 工具 □ 平口手抓 　⊞ 链接 　⊞ 接点 　⊞ 工具数据 　　校准 　　依赖性 关节映射 1　2　3　4　5　6 设置 姿态 姿态... 姿态值 同步... [0.00; 0... 添加　　撤销　　删除 编译机械装置　　关闭

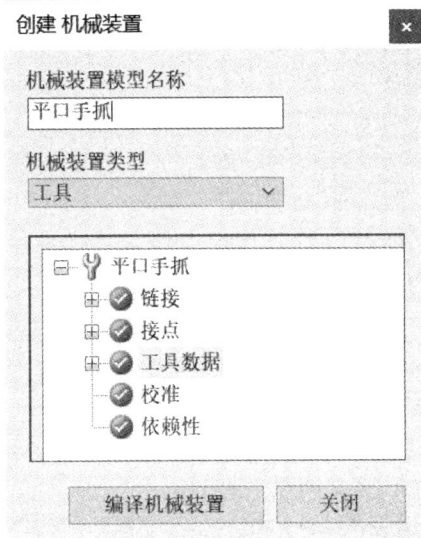

(14) 创建平口手爪的张开姿态。 在"修改姿态"对话框中，将"姿态名称"设置为"张开"，"关节值"设置为"8.00"，单击"确定"	**修改 姿态** 姿态名称： 张开　　　　□ 原点姿态 关节值 0.00　　　8.00　< > 0.00　　　8.00　< > 确定　　取消
(15) 创建平口手爪的闭合姿态。 在"创建姿态"对话框中，将"姿态名称"设置为闭合，"关节值"设置为"4.00"，然后单击"确定"	**创建 姿态** 姿态名称： 闭合　　　　□ 原点姿态 关节值 0.00　4.00　8.00　< > 0.00　4.00　8.00　< > 确定　　取消　　应用
(16) 设置姿态转换时间。 ① 在"姿态"界面下方，单击"设置转换时间"。	**姿态** 姿态名称　姿态值 同步位置　[0.00; 0.00] 原点位置　[0.00; 0.00] 张开　　　[8.00; 8.00] 闭合　　　[4.00; 4.00] 添加　　编辑　　删除 设置转换时间
② 在"设置转换时间"对话框中，将"张开"和"闭合"姿态转换时间设置为"2.000"。 单击"确定"，完成平口手爪机械装置的创建	**设置转换时间** 转换时间 (s) 到达姿态：　起始姿态： |	同步位置	张开	闭合 | 同步位置		0.000	0.000 ▶张开	0.000		2.000 闭合	0.000	2.000　| 确定　　取消

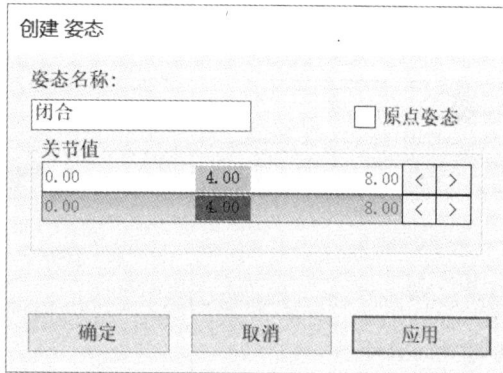

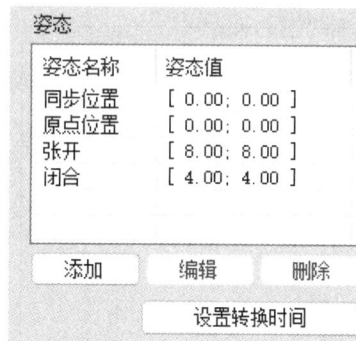

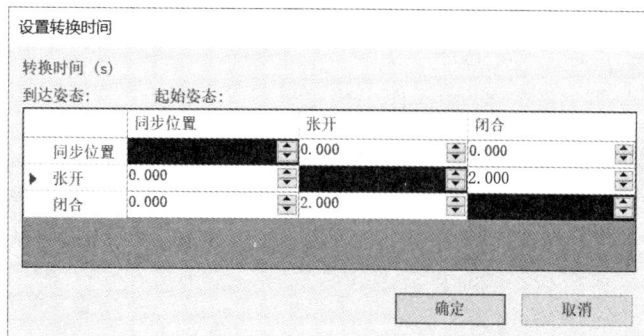

任务 2.3　　搬运 Smart 组件的创建和设计

为了实现平口手爪机械装置的自动开合、工件拾取和释放等仿真动画，需要进一步为平口手爪创建 Smart 组件，Smart 组件能让工作站的普通组件做出动作更复杂的动画，如手爪夹持、物料随传送带移动、吸盘吸附等动作。

1. 搬运 Smart 组件的创建

在搬运工作站中，需要添加 PoseMover、Attacher、Dettacher 等 Smart 组件，具体的操作步骤如下。

操　作　步　骤	示　意　图
(1) 创建 Smart 组件。 单击"建模"→"Smart 组件"，将组件重命名为"Banyun"	
(2) 添加"平口手爪"机械装置。 在"布局"选项卡中，将"平口手爪"机械装置拖入"Banyun"Smart 组件	

(3) 将"Banyun"Smart 组件安装到机器人法兰盘。 　在"布局"选项卡中，将"Banyun"Smart 组件拖至"IRB120_3_58_01"	布局　物理　标记　　▽ × 　banyun_buju+smart* 　机械装置 　▷ IRB120_3_58__01 　组件 　▲ Banyun　↑ 　▷ 平口手爪 　▷ 主盘工具 　▷ 仓储模块 　▷ 变位机模块 　▷ 机器人工作桌台 　▷ 电机外壳 　▷ 装配模块
(4) 更新"Banyun"Smart 组件位置。 　在"更新位置"对话框中，单击"是"	更新位置　　　× 　？ 是否希望更新'Banyun'的位置？ 　是(Y)　否(N)　取消
(5) 添加第一个"PoseMover"组件。 　单击"添加组件"，在弹出的列表中依次选择"本体"→"PoseMover"	添加组件　最近使用过的 　PaintApplicator 　Applies paint to a part 　LogicGate 　进行数字信号的逻辑运算 　Rotator 　按照指定的速度，对象绕着轴旋转 　PoseMover 　运动机械装置关节到一个已定义的姿态 　Detacher 　拆除一个已安装的对象 　Attacher 　安装一个对象 　信号和属性　▸ 　参数建模　▸ 　传感器　▸ 　动作　▸ 　本体　▸ 　LinearMover 　移动一个对象到一条线上 　LinearMover2 　移动一个对象到指定位置 　Rotator 　按照指定的速度，对象绕着轴旋转 　Rotator2 　对象绕着一个轴旋转指定的角度 　PoseMover 　运动机械装置关节到一个已定义的姿态

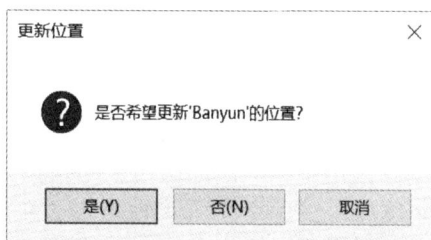

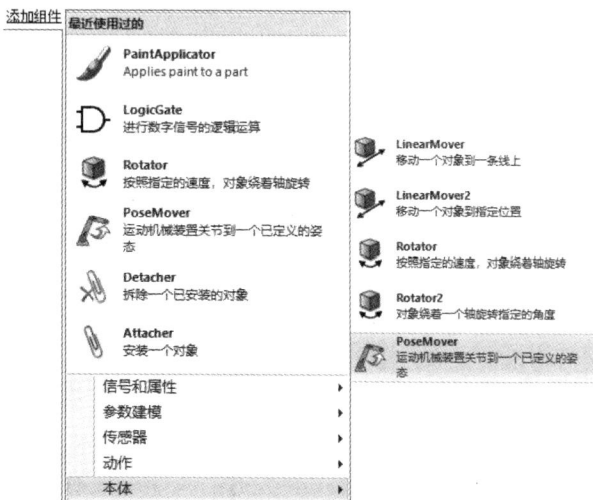

（6）设置第一个"PoseMover"组件属性。 在"属性：PoseMover[0]"对话框中，在"Mechanism"下拉框中选择"平口手爪(Banyun)"，在"Pose"下拉框中选择"张开"，将"Duration(s)"的值设置为"1"，然后单击"应用"	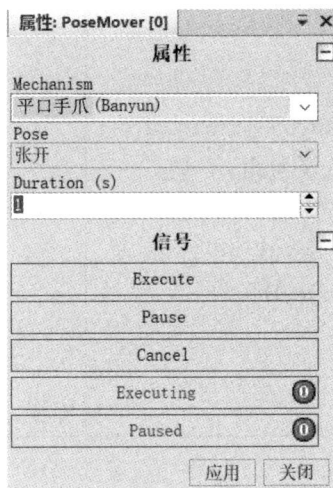
（7）添加第二个"PoseMover"组件并设置其属性。 重复步骤(5)，创建第二个"PoseMover"组件。在"属性：PoseMover_2[0]"对话框中，在"Mechanism"下拉框中选择"平口手爪(Banyun)"，在"Pose"下拉框中选择"闭合"，将"Duration(s)"的值设置为"1"，然后单击"应用"	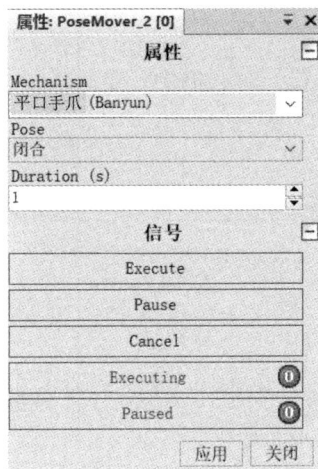
（8）添加"Attacher"组件并设置其属性。 ① 单击"添加组件"，在弹出的列表中依次选择"动作"→"Attacher"。	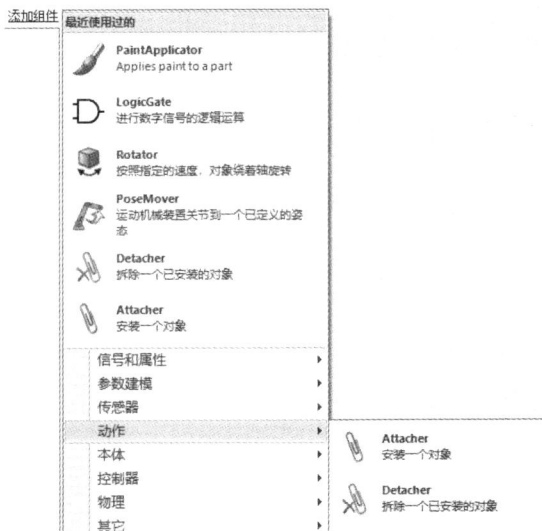

②　在"属性：Attacher"对话框中，在"Parent"下拉框中选择"Banyun"Smart组件，在"Child"下拉框中选择"电机外壳"，然后单击"应用"	
(9) 添加"Detacher"组件并设置其属性。 重复步骤(8)，添加"Detacher"组件。在"属性：Detacher"对话框中，在"Child"下拉框中选择"电机外壳"，然后单击"应用"	
(10) 添加"LogicGate"组件并设置其属性。 ①　单击"添加组件"，在弹出的列表中依次选择"信号和属性"→"LogicGate"。	
②　在"属性：LogicGate[NOT]"对话框中，在"Operator"下拉框中选择"NOT"，然后单击"应用"，搬运Smart组件的创建完成	

2. 搬运 Smart 组件的设计

通过添加 Smart 组件输入信号和各组件之间的信号连接，依次使能各组件功能，就可产生所需要的仿真动画，主要实现以下三个动作过程：

(1) 抓取信号 DiBanyun 置 1，平口手爪闭合并拾取电机外壳工件；

(2) 通过逻辑非门取反输出，将平口手爪张开和闭合动作互锁；

(3) 抓取信号 DiBanyun 置 0，通过非门中间连接，平口手爪张开并释放电机外壳工件。

实现上述动作过程的 Smart 组件输入信号和各组件间的信号连接操作步骤如下。

操 作 步 骤	示 意 图
(1) 添加 "Banyun" Smart 组件输入信号。 在 "Banyun" Smart 组件视图中的 "信号和连接" 选项卡中，单击 "添加 I/O Signals"，在弹出的对话框中，"信号类型" 下拉框中选择 "DigtalInput"，在 "信号名称" 中输入 "DiBanyun"，其他采用默认设置，然后单击 "确定"	
(2) 建立抓取信号 "DiBanyun" 与平口手爪闭合姿态的信号联系。 ① 在 "信号和连接" 选项卡中，单击 "添加 I/O Connection"。	
② 在弹出的 "编辑" 对话框中，"源对象" 下拉框选择 "Banyun" Smart 组件，"源信号" 下拉框选择 "DiBanyun"，"目标对象" 下拉框选择 "PoseMover_2[闭合]"，"目标信号或属性" 下拉框选择 "Execute"，然后单击 "确定" 按钮	

(3) 建立平口手爪闭合姿态与工件拾取的信号联系。 重复步骤(2)，继续单击"添加 I/O Connection"，在弹出的"添加 I/O Connection"对话框中，"源对象"下拉框选择"PoseMover_2[闭合]"，"源信号"下拉框选择"Excuted"，"目标对象"下拉框选择"Attacher"，"目标信号或属性"下拉框选择"Execute"，然后单击"确定"按钮	添加I/O Connection　　　　?　　× 源对象　　　　　PoseMover_2 [闭合] ▽ 源信号　　　　　Executed ▽ 目标对象　　　　Attacher ▽ 目标信号或属性　Execute ▽ □ 允许循环连接 　　　　　　　确定　　取消
(4) 建立抓取信号"DiBanyun"与逻辑非门的信号联系。 重复步骤(2)，继续单击"添加 I/O Connection"，在弹出的"添加 I/O Connection"对话框中，"源对象"下拉框选择"Banyun" Smart 组件，"源信号"下拉框选择"DiBanyun"，"目标对象或属性"下拉框选择"LogicGate[NOT]"，"目标信号或属性"下拉框选择"InputA"，然后单击"确定"按钮	添加I/O Connection　　　　?　　× 源对象　　　　　Banyun ▽ 源信号　　　　　DiBanyun ▽ 目标对象　　　　LogicGate [NOT] ▽ 目标信号或属性　InputA ▽ □ 允许循环连接 　　　　　　　确定　　取消
(5) 建立逻辑非门与平口手爪张开姿态的信号联系。 重复步骤(2)，继续单击"添加 I/O Connection"，在弹出的"添加 I/O Connection"对话框中，"源对象"下拉框选择"LogicGate[NOT]"，"源信号"下拉框选择"Output"，"目标对象"下拉框选择"PoseMover[张开]"，"目标信号或属性"下拉框选择"Excute"，然后单击"确定"按钮	添加I/O Connection　　　　?　　× 源对象　　　　　LogicGate [NOT] ▽ 源信号　　　　　Output ▽ 目标对象　　　　PoseMover [张开] ▽ 目标信号或属性　Execute ▽ □ 允许循环连接 　　　　　　　确定　　取消

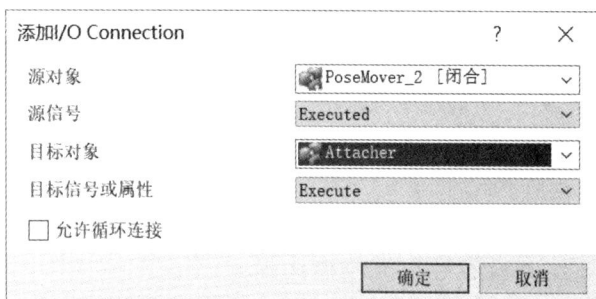

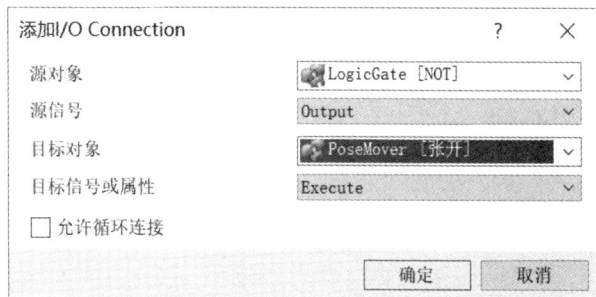

(6) 建立平口手爪张开姿态与工件释放的信号联系。

重复步骤(2)，继续单击"添加 I/O Connection"，在弹出的"编辑"对话框中，"源对象"下拉框选择"PoseMover[张开]"，"源信号"下拉框选择"Excuted"，"目标对象"下拉框选择"Detacher"，"目标信号或属性"下拉框选择"Excute"，然后单击"确定"按钮

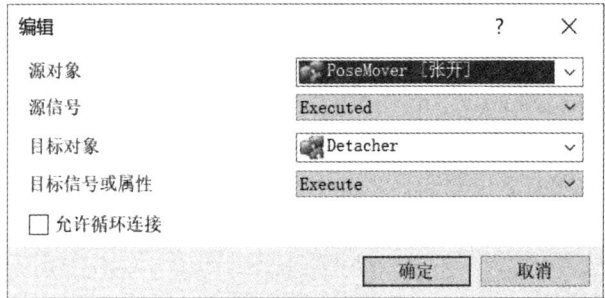

编辑	? ✕
源对象	PoseMover［张开］ ∨
源信号	Executed ∨
目标对象	Detacher ∨
目标信号或属性	Execute ∨
☐ 允许循环连接	
	确定 取消

在上述操作中，一共创建了 1 个输入信号和 5 个组件之间的信号连接，如图 2-3 所示。

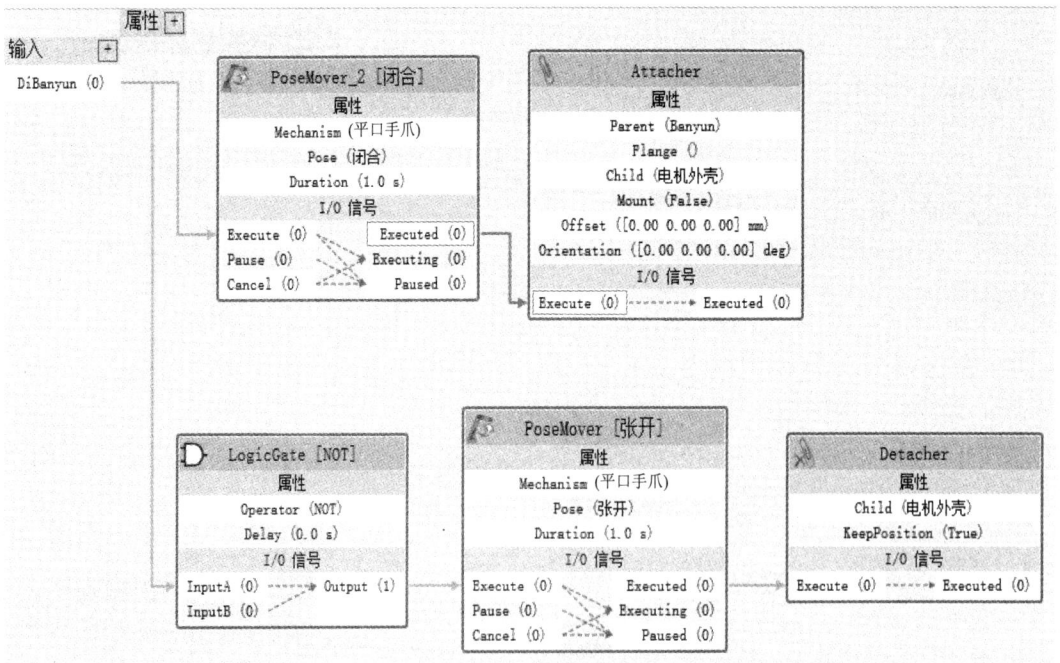

图 2-3　搬运 Smart 组件信号流图

3. 搬运 Smart 组件的测试

在搬运 Smart 组件设计完成后，需要对其功能进行测试，组件测试的具体步骤如下。

操 作 步 骤	示 意 图
(1) 设置搬运 Smart 组件属性。 在"布局"选项卡中，右键单击"Banyun" Smart 组件，在弹出的列表中选择"属性"功能	
(2) 将搬运 Smart 组件输入信号置 1。 在"属性：Banyun"对话框中，单击"DiBanyun"信号并使其置"1"，观察平口手爪动作情况	
(3) 将搬运 Smart 组件输入信号置 0。 在"属性：Banyun"对话框中，单击"DiBanyun"信号并使其置"0"，观察平口手爪动作情况	

任务 2.4　　搬运轨迹离线编程与调试

1. 控制系统及信号的创建

在编写 RAPID 程序之前，需要给工作站创建虚拟控制系统并配置输入/输出信号，具体的操作步骤如下。

操 作 步 骤	示 意 图
(1) 创建工作站虚拟控制系统。 单击"基本"→"机器人系统"→"从布局…"	
(2) 设置控制系统名称和保存位置。 在"从布局创建系统"对话框中,将"名称"设置为"System3",将"位置"设置为"C:\Users\ding\ Documents\ RobotStudio\ Systems",然后单击"下一个"	
(3) 选择系统的机械装置。 在"从布局创建系统"对话框的"选择系统的机械装置"界面中,勾选"IRB 120_3_58_01",然后单击"下一个"	

(4) 添加机器人 I/O 设备，并完成系统的创建。 ① 在"从布局创建系统"对话框的"系统选项"界面中，单击"选项…"。	
② 在弹出的"更改选项"对话框中，"类别"选择"Industrial Networks"，"选项"勾选"709-1 DeviceNet Master/Slave"，然后单击"确定"按钮。	
③ 完成上述操作后，单击"完成"，即完成系统的创建	

(5) 配置控制系统。 单击"配置"→"I/O System"	 Communication Controller I/O System Man-Machine Communication Motion 添加信号… I/O 配置器
(6) 新建 DeviceNet 设备。 在"配置-I/O System"界面中，右键单击"DeviceNet Device"，在弹出的列表中单击"新建 DeviceNet Device…"	
(7) 设置 DeviceNet 设备属性。 在"实例编辑器"对话框中，在"使用来自模板的值"下拉框选择"DSQC 651 Combi I/O Device"，将"Adress"的值设置为"10"，其他采用默认设置，设置完成后单击"确定"按钮	

(8) 新建控制器 I/O 信号。 　在"配置-I/O System"界面中，右键单击"Signal"，在弹出的列表中单击"新建Signal…"	**配置 - I/O System ×** | 类型	Name	Type of Signal
---	---	---
Access Level	AS1	Digital Input
Cross Connection	AS2	Digital Input
Device Trust Level	AUTO1	Digital Input
DeviceNet Command	AUTO2	Digital Input
DeviceNet Device	CH1	Digital Input
DeviceNet Internal Device	CH2	Digital Input
EtherNet/IP Command	DRV1BRAKE	Digital Output
EtherNet/IP Device	DRV1BRAKEFB	Digital Input
Industrial Network	DRV1BRAKEOK	Digital Input
Route	DRV1CHAIN1	Digital Output
Signal	DRV1CHAIN2	Digital Output
Signal	DRV1EXTCONT	Digital Input
Signal 〔新建 Signal…〕N1		Digital Input
System Input	DRV1FAN2	Digital Input
System Output	DRV1K1	Digital Input
	DRV1K2	Digital Input	
(9) 设置信号属性。 　在"实例编辑器"对话框中，将"Name"的值设置为"DoGripper"，"Type of Signal"的值设置为"Digital Output"，"Assigned to Device"的值设置为"d651"，"Device Mapping"的值设置为"32"，其他采用默认设置，设置完成后单击"确定"按钮	**实例编辑器**　　　　—　□　× | 名称	值	信息
---	---	---
Name	DoGripper	已更改
Type of Signal	Digital Output	已更改
Assigned to Device	d651	已更改
Signal Identification Label		
Device Mapping	32	已更改
Category		
Access Level	Default	
Default Value	0	
Invert Physical Value	○ Yes ● No	
Safe Level	DefaultSafeLevel		 Value (RAPID) 控制器重启后更改才会生效。 　　　　　　　　　　　　　　〔确定〕〔取消〕
(10) 重启控制器。 ① 依次单击"控制器(C)"→"重启"→"重启动(热启动)(R)"。	控制器(C)　RAPID　Add-Ins 用户管理　重启　备份　输入/输出　事件　文件传送　示教器　在线监视器　在线信 ○ 重启动(热启动)(R) 重置系统(I启动)(S) 重置 RAPID (P启动)(P) 启动引导应用程序(X启动) 恢复到上次自动保存(B启动) 冷启动(C) ⏻ 关机 重启动(热启动)(R) 重启控制器并使修改的参数生效。 ❷ 点击F1获取更多帮助。
② 在弹出的"ABB RobotStudio"对话框中，单击"确定"按钮，虚拟控制系统及信号的创建完成	**ABB RobotStudio**　　　　　× **重启动（热启动）(R)** 控制器将重启。状态已经保存，对系统参数设置的任何修改都将在重启后激活。 □ 不再显示此对话　　〔确定〕〔取消〕

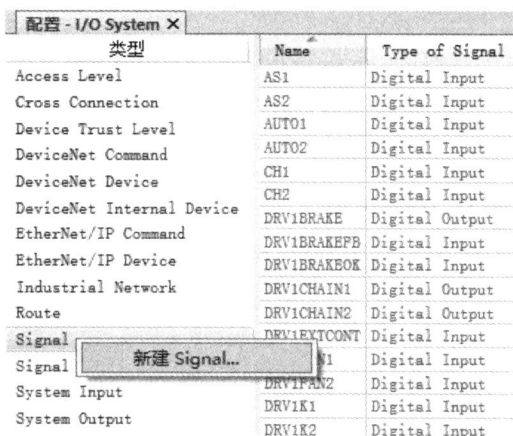

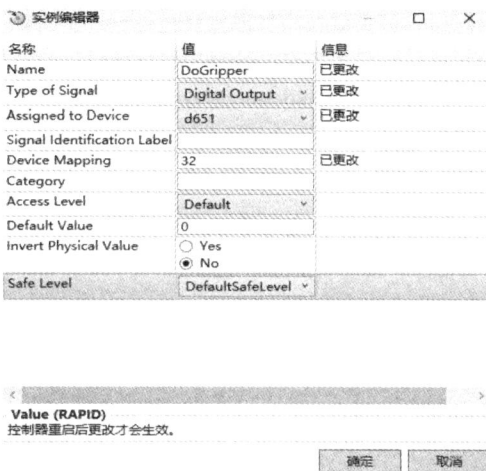

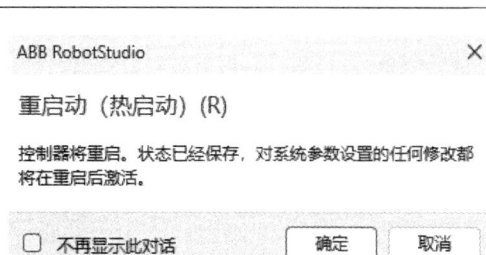

2. 搬运路径关键点位示教

准备点(start)、抓取点(pick)、放置点(put)为搬运路径中的三个关键点位，若需要进行示教，抓取上方点、放置上方点和过渡点则可采用 offs 偏移指令实现，具体的操作步骤如下。

操 作 步 骤	示 意 图
(1) 设置机器人准备工作点。 ① 在"布局"选项卡中，右击"IRB20_3_58_01"，在弹出的菜单中单击"机械装置手动关节"。	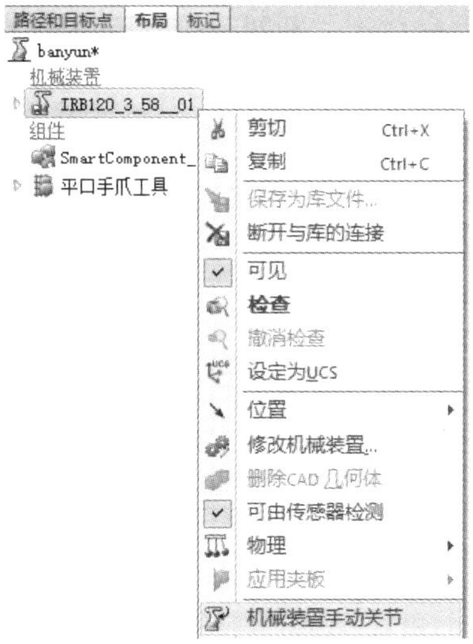
② 在弹出的"手动关节运动：IRB20_3_58_01"对话框中，将第一、三、五、六轴的角度分别设置为 -90、20.00、-20、-90	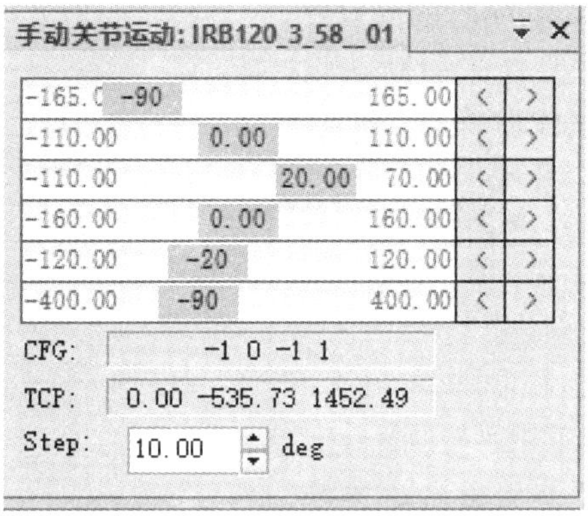
(2) 将机器人移动到准备点。 机器人关节角度设置完成后，工作站效果如右图所示	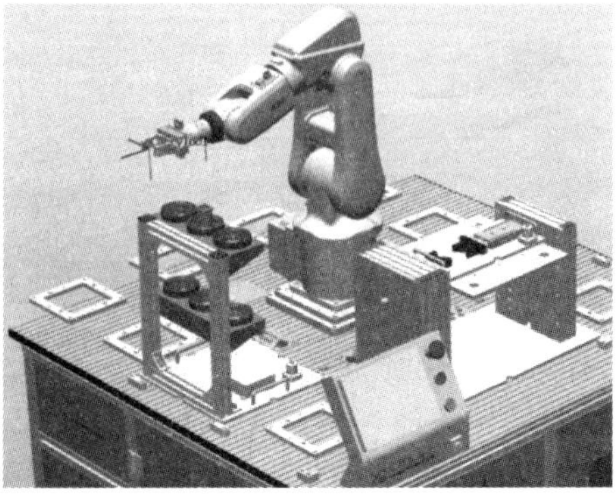

(3) 保存机器人准备状态。 　依次单击"重置"→"保存当前状态…",即可保存机器人准备状态	
(4) 设置机器人准备状态。 　在弹出的"保存当前状态"对话框中,输入当前状态的"名称"为"初始",勾选"对象状态"和"控制器状态"的全部选项,然后单击"确定"	
(5) 生成示教机器人准备点。 　单击"基本"→"示教目标点",可生成"Target_10"目标点	

(6) 将机器人移动到抓取点。 单击"手动线性"⬚，拖动机器人工具末端，将其移动至电机外壳抓取位置	
(7) 生成示教机器人抓取点。 重复步骤(5)，可生成"Target_20"目标点	
(8) 平口手爪抓取电机外壳。 在"属性：Banyun"对话框中，单击"DiBanyun"信号，并使其置"1"	
(9) 将机器人移动到装配模块上方。 重复步骤(1)，在弹出的"手动关节运动：IRB120_3_58_01"对话框中，将第一轴的角度设置为"0.00"	

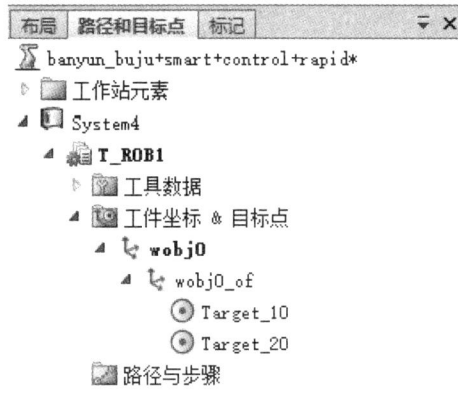

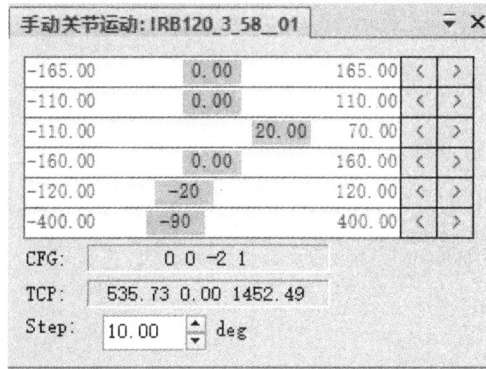

(10) 将机器人移动到放置点。 重复步骤(6)，将机器人工具拖动至电机外壳图示放置位置	
(11) 生成示教机器人放置点。 重复步骤(5)，可生成"Target_30"目标点	
(12) 修改示教点位名称。 分别右键单击步骤(11)示意图中的"Target_10""Target_20""Target_30"，可依次将其重命名为"pick""put"和"start"	

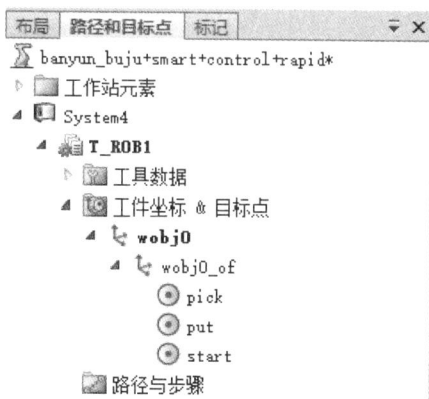

3. 编写 RAPID 程序

机器人搬运路径可分解为抓取路径和放置路径，抓取路径流程为准备点→抓取上方→抓取点→抓取上方→准备点；放置路径流程为过渡点→放置上方→放置点→放置上方→过渡点→准备点。编写 RAPID 程序的具体步骤如下。

操　作　步　骤	示　意　图
(1) 添加机器人路径。 　选中"pick""put""start"三个目标点并单击右键，在弹出的菜单中单击"添加新路径"	
(2) 将目标点和路径同步到 RAPID 程序。 　在"路径和目标点"选项卡中，右键单击"Path_10"，在弹出的菜单中单击"同步到 RAPID…"	
(3) 设置同步到 RAPID 数据。 　在"同步到 RAPID"对话框中，勾选"同步"中的所有选项，然后单击"确定"按钮	

(4) 打开程序模块。 依次单击"控制器"→ "System4"→"RAPID" →"Module1"→"Path_10"	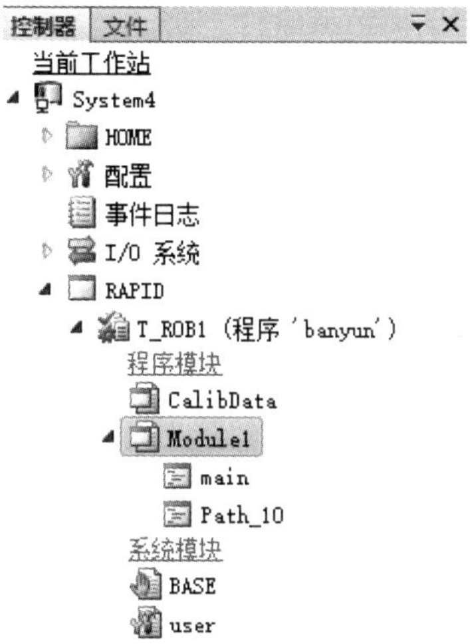 **控制器　文件** **当前工作站** 　▲ System4 　　▷ HOME 　　▷ 配置 　　　事件日志 　　▷ I/O 系统 　　▲ RAPID 　　　▲ T_ROB1（程序 'banyun'） 　　　　**程序模块** 　　　　　CalibData 　　　　　Module1 　　　　　　main 　　　　　　Path_10 　　　　**系统模块** 　　　　　BASE 　　　　　user

(5) 输入搬运RAPID程序。
在弹出的"Path_10"界面中，输入右图所示的搬运路径RAPID程序
	<pre>PROC Path_10()
	    MoveJ start,v150,fine,CarryTool\WObj:=wobj0; !准备点
	    MoveJ offs(pick,0,0,100),v150,fine,CarryTool\WObj:=wobj0;!抓取点上方100mm
	    MoveL pick,v150,fine,CarryTool\WObj:=wobj0;!抓取点
	    set DoGripper;
	    WaitTime 1;
	    MoveL offs(pick,0,0,100),v150,fine,CarryTool\WObj:=wobj0;!抓取点上方100mm
	    MoveJ start,v150,fine,CarryTool\WObj:=wobj0;!准备点
	    MoveL offs(put,0,-100,100),v150,fine,CarryTool\WObj:=wobj0;!放置点上方100mm,左方100mm
	    MoveL offs(put,0,0,100),v150,fine,CarryTool\WObj:=wobj0;!放置点上方100mm
	    MoveL put,v150,fine,CarryTool\WObj:=wobj0;!放置点
	    Reset DoGripper;
	    WaitTime 1;
	    MoveL offs(put,0,0,100),v150,fine,CarryTool\WObj:=wobj0;!放置点上方100mm
	    MoveL offs(put,0,-100,100),v150,fine,CarryTool\WObj:=wobj0;!放置点上方100mm,左方100mm
	    MoveJ start,v150,fine,CarryTool\WObj:=wobj0;!准备点
	ENDPROC</pre>

(6) 程序指针 PP 移到"Path_10"。 单击"程序指针"→"移动PP到光标"，将PP移到"Path_10"首行	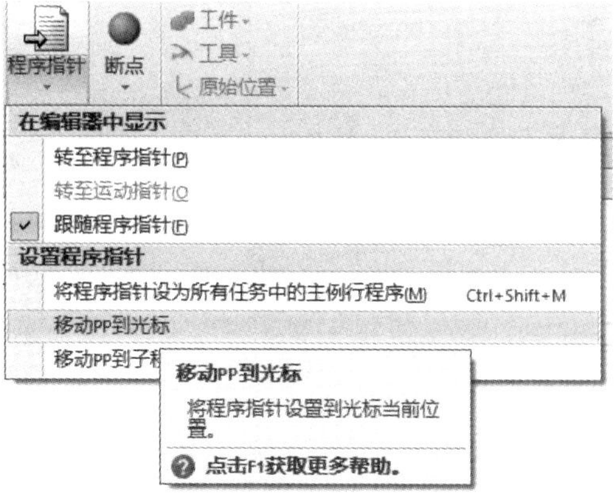 **程序指针　断点　工件·工具·原始位置·** **在编辑器中显示** 　转至程序指针(P) 　转至运动指针(O) ✓ 跟随程序指针(F) **设置程序指针** 　将程序指针设为所有任务中的主例行程序(M)　Ctrl+Shift+M 　移动PP到光标 　移动PP到子程···**移动PP到光标** 　　　　　　　将程序指针设置到光标当前位置。 　　　　　　　❓点击F1获取更多帮助。
(7) 调试搬运路径RAPID程序。 单击"启动"，在工作站视图中，查看机器人运动轨迹是否符合要求，若不符合，则可采用"步入"单步调试方式进行调试	 **所选任务　启动　步入　跳出　跳过　停止　检查程序　程序指针　断点** **测试和调试**

4. 工作站逻辑与仿真运行

在仿真运行前，还需要设置 Smart 组件和控制系统各信号之间的逻辑关系，以及仿真程序入口等参数，具体的操作步骤如下。

操 作 步 骤	示 意 图
(1) 设定工作站逻辑关系。 依次单击"仿真"→"工作站逻辑"	
(2) 连接控制系统输出信号和 Smart 组件输入信号。 在弹出的"工作站逻辑"的"设计"界面中，连接"DoGripper"和"DiBanyun(0)"信号	
(3) 设置仿真参数。 单击"仿真"→"仿真设定"，然后设置仿真参数	
(4) 选择仿真对象和设置仿真进入点。 在"仿真设定"界面中，勾选"Smart 组件"和"控制器"选项，单击任务"T_ROB1"，在右侧"进入点"下拉框中选择路径"Path_10"	

(5) 重置机器人状态。 单击"重置"→"初始",即可重置机器状态	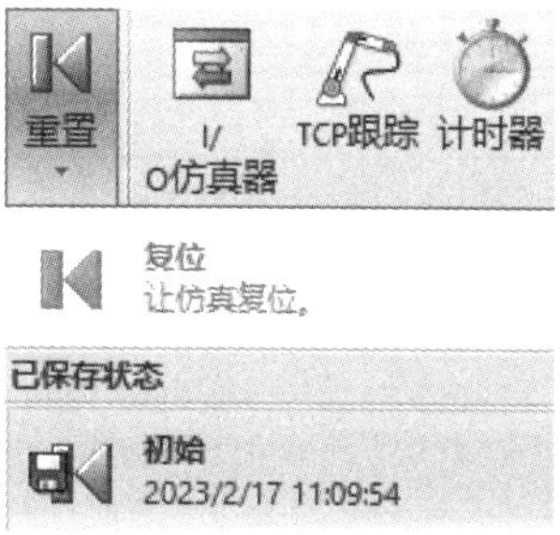
(6) 仿真播放。 单击"仿真录像"→"播放",可在工作站视图中观察机器人的运动轨迹	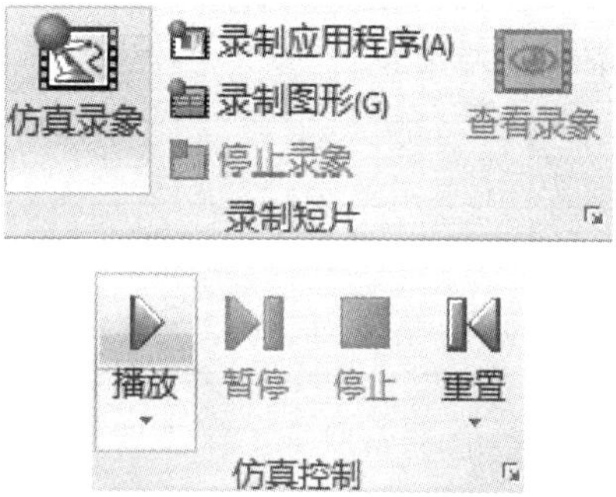

⚙ **拓展知识**

1. 安装和释放动作仿真——Attacher 和 Dettacher 组件

Smart 组件是实现仿真动画的高效工具,在搬运工作站中使用了其中的 Attacher 和 Dettacher 两个 Smart 组件,实现了工件安装到工具和工具释放工件的两个常用动作效果。Attacher 和 Dettacher 组件的输入/输出信号及功能如表 2-1 所示,它们的属性如表 2-2 所示。

表 2-1 Attacher 和 Dettacher 组件的输入/输出信号及功能

Attacher 组件			
输入	功　能	输出	功　能
Execute	设定为 high(1)去安装	Executed	变成 high(1),此操作完成
Dettacher 组件			
输入	功　能	输出	功　能
Execute	设定为 high(1)取消安装	Executed	变成 high(1),此操作完成

表 2-2　Attacher 和 Dettacher 组件的属性

Attacher 组件		
属性	功　能	数据类型
Parent	子对象要安装的父对象	ProjectObject
Flange	当父对象为机械装置时，指定要安装在机械装置的某法兰盘上	Int32
Child	要安装的对象	IAttachableChild
Mount	如果为 True，则将子对象装配在父对象上	Boolean
Offset	当使用 Mount 时，指定相对于父对象的位置	Vector3
Orientation	当使用 Mount 时，指定相对于父对象的方向	Vector3
Dettacher 组件		
属性	功　能	数据类型
Child	要拆除的对象	IAttachableChild
Keep Position	如果为 False 时，则被安装的对象将返回其原始位置	Boolean

　　Attacher 组件的工作原理：在设置 Execute 信号时，Attacher 会将 Child 安装到 Parent 上。如果 Parent 为机械装置，则必须要指定安装的 Flange。如果选中 Mount，则会使用指定的 Offset 和 Orientation，将子对象装配到父对象上。完成时，将设置 Executed 输出信号。

　　Dettacher 组件的工作原理：在设置 Execute 信号时，Detacher 会将 Child 从其所安装的父对象上拆除。如果选中了 Keep Position，则位置将保持不变；否则，被安装的对象将返回其原始的位置。完成时，将设置 Executed 输出信号。

2. 姿态运动仿真——PoseMover 组件

　　在搬运工作站中还使用了 PoseMover 组件，使用它可实现平口手爪的张开、闭合动作效果。PoseMover 组件的输入/输出信号及功能如表 2-3 所示，其属性如表 2-4 所示。

　　PoseMover 组件包含 Mechanism、Pose 和 Duration 等属性。PoseMover 组件的工作原理为：设置 Execute 输入信号时，机械装置的关节值移向给定姿态。达到给定姿态时，设置 Executed 输出信号。

表 2-3　PoseMover 组件的输入/输出信号及功能

输入	功　能	输出	功　能
Execute	设为 True，开始或重新开始移动机械装置	Executed	当机械装置达到位姿时为 Pulses high
Pause	暂停动作	Executing	在运动过程中为 High
Cancel	取消动作	Paused	当暂停时为 High

表 2-4　PoseMover 组件的属性

属性	功　能	数据类型
Mechanism	指定要进行移动的机械装置	Mechanism
Pose	指定要移动到的姿态编号	Int32
Duration	指定机械装置移动到指定姿态的时间	Double

3. 信号逻辑运算仿真——LogicGate 组件

在搬运工作站中还使用了 LogicGate 组件,使用它可实现信号逻辑运算仿真。LogicGate 组件的输入/输出信号及功能如表 2-5 所示,其属性如表 2-6 所示。

LogicGate 组件的工作原理:Output 信号由 InputA 和 InputB 这两个信号的 Operator 中指定的逻辑运算进行设置,延迟的时间则在在 Delay 中指定。

表 2-5　LogicGate 组件的输入/输出信号及功能

输入	功　能	输出	功　能
InputA	第一个输入信号	Output	逻辑运算的结果
InputB	第二个输入信号		

表 2-6　LogicGate 组件的属性

属性	功　能	数据类型
Operator	逻辑运算的运算符(包括 AND、OR、XOR、NOT、NOP)	String
Delay	输出信号延迟的时间	Double

学 习 检 测

一、知识检测

填空题

1. PoseMover 组件的输入信号是(　　　)、(　　　)和(　　　)。
2. LogicGate 组件的属性 Operator 包含(　　　)、(　　　)、(　　　)等运算符。
3. Attacher 和 Dettacher 组件的功能是(　　　)和(　　　)。
4. Attacher 组件的属性 Parent 的含义是(　　　)。
5. Dettacher 组件的属性 Child 的含义是(　　　)。

二、技能检测

按照表 2-7 进行搬运工作站仿真相关技能的学习检测。

表 2-7　搬运工作站仿真学习检测

任　　务	要　　求	评分细则	分值	评分
工作站合理布局	能够正确进行搬运工作站的合理布局	(1) 理解任务内容 (2) 任务操作正确	10	
安装平口手爪和创建机械装置	(1) 掌握工业机器人快换工具概念 (2) 能正确创建平口手爪机械装置 (3) 掌握快换工具的安装操作步骤	(1) 理解阐述的概念和任务内容 (2) 任务操作正确	20	
创建 Smart 组件	能正确创建 Attacher 和 Dettacher 组件、PoseMover 组件、LogicGate 组件，并能进行属性和 I/O 连接设置	(1) 理解任务内容 (2) 任务操作正确	30	
搬运轨迹离线编程调试	(1) 能正确示教搬运关键目标点 (2) 熟练编写搬运 RAPID 程序	(1) 理解任务内容 (2) 任务操作正确	30	
搬运工作站的仿真运行	能正确设置仿真逻辑和进行仿真操作	(1) 理解任务内容 (2) 任务操作正确	10	

项目三

码垛工作站离线编程与仿真

项目引入

码垛是按照集成单元化的思想，将物料按照一定模式堆码成垛，以便于实现单元化物料的存储、搬运、装卸和运输等物流活动。码垛机器人作为工业机器人的典型应用，其技术在实际应用中已经得到了长足的发展。码垛机器人具有工作能力强、运行速度快、体积小、抓取种类多等优点，能够极大地解放人力和提高生产效率。

知识目标

(1) 了解工业机器人码垛的概念和基本工作过程；
(2) 掌握吸盘工具 Smart 组件的创建和参数设定方法；
(3) 掌握物料输送单元 Smart 组件的创建和参数设定方法；
(4) 掌握工作站与 Smart 组件的通信配置方法；
(5) 掌握 FOR 循环、SET 指令、WaitDI 指令的使用方法；
(6) 掌握 OFFS 偏移表达式的使用方法。

能力目标

(1) 能根据工作任务设计码垛流程轨迹；
(2) 能根据码垛工艺要求配置模型和轨迹参数；
(3) 能够熟练使用 RAPID 语言进行程序的编写和调试；
(4) 能熟练使用在 Smart 组件进行仿真时的开发流程和工作站的配置方法。

项目描述

本项目是以 ABB IRB120 工业机器人码垛工作站为对象，配合吸盘、输送模块、棋盘格模块等进行减速机的码垛。学习内容主要包括码垛工作站的搭建和机器人系统的创建，学习使用 Smart 组件设计吸盘工具和输送模块工具，以及进行工作站的配置和码垛程序的编写。通过本项目的实施，最终实现 1 行 3 列 2 层的减速机模型的堆垛仿真。

项目实施

任务3.1 码垛工作站的创建

创建码垛工作站的具体操作如下。

操 作 步 骤	示 意 图
(1) 创建空工作站并导入机器人。 打开 RobotStudio 软件，进入基本视图后，导入 IRB 120 机器人模型，操作方法同任务 2.1 的操作。最终模型如右图所示	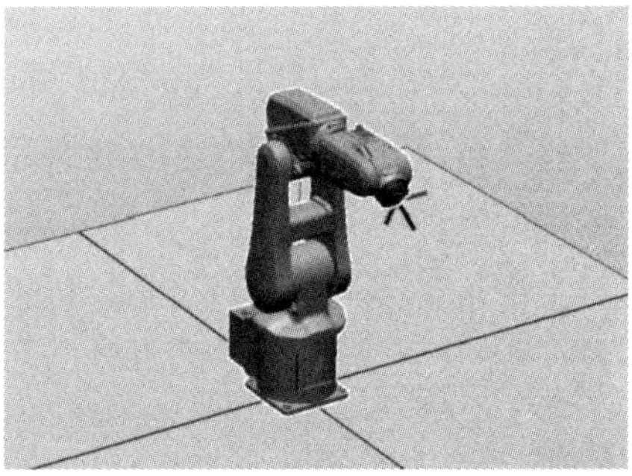
(2) 导入主盘工具和吸盘工具。 ① 在"基本"选项卡中，选择"导入模型库"→"浏览库文件..."。	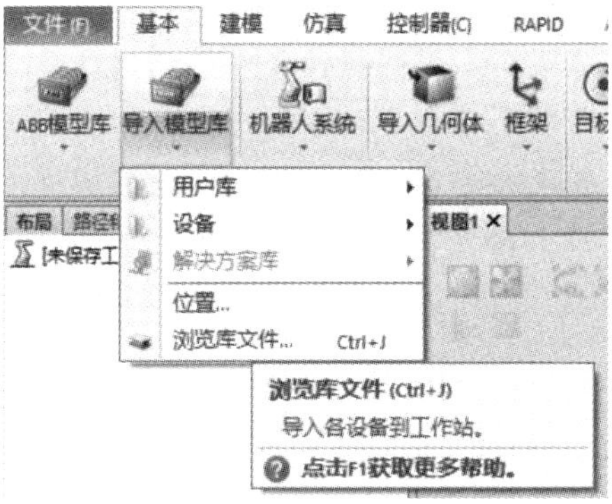
② 在弹出的"打开"对话框中，选择"主盘工具.rslib"和"吸盘工具.rslib"文件，并单击"打开"，将文件导入模型	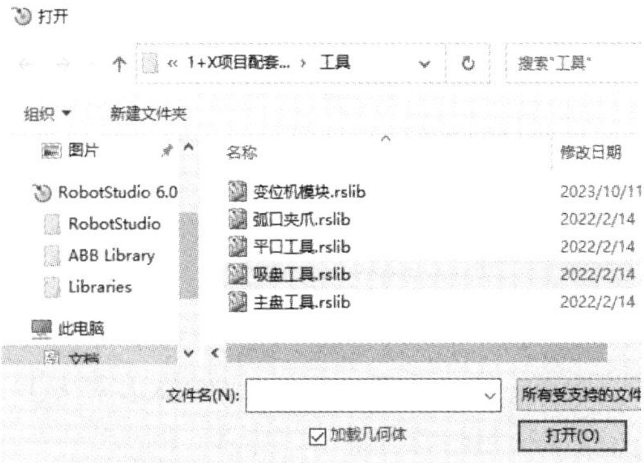

(3) 安装工具到机器人。 ① 在"布局"选项卡中，分别拖动"主盘工具"和"XiPan"工具到机器人"IRB120_3_58_01"上。	**布局** ｜ 路径和目标点 ｜ 标记 ✕ [未保存工作站]* 　机械装置 ▷ 🦾 IRB120_3_58__01 ▷ 🔧 XiPan ▷ 🔧 主盘工具
② 此时会提示是否更新工具的位置，单击"是"按钮，工具即安装到机器人。	 更新位置　✕ ❓ 是否希望更新'XiPan'的位置？ 是(Y)　否(N)　取消
③ 安装好工具后的机器人如右图所示	
(4) 导入工作台等模型，并调整机器人位置。 ① 在基本选项卡中，选择"导入几何体"→"浏览几何体..."。	 导入几何体　框架　目标点　路径　其它　📄示教E 📄示教挂 👁查看模 用户几何体　▶　路径编程 解决方案几何结构　▶ 位置... 浏览几何体...　Ctrl+G 浏览几何体 (Ctrl+G) 复制CAD文件到工作站。 ❓点击F1获取更多帮助。

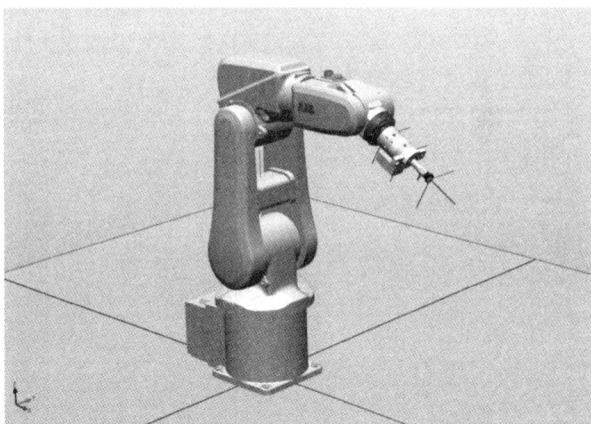

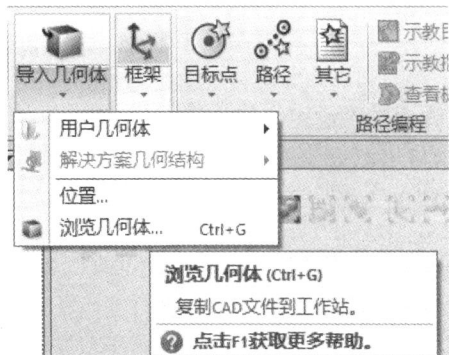

② 在弹出的"浏览几何体…"对话框中,选择"实训平台.stp"文件,单击"打开",将文件导入几何体模型。	
③ 在"布局"选项卡中,右键单击"IRB120 _3_58_01",在弹出的菜单中依次选择"位置"→"设定位置"。	
④ 在弹出的"设定位置"对话框中,将机器人 Z 轴位置设置为"945.00",选择"应用"后单击"关闭"。	

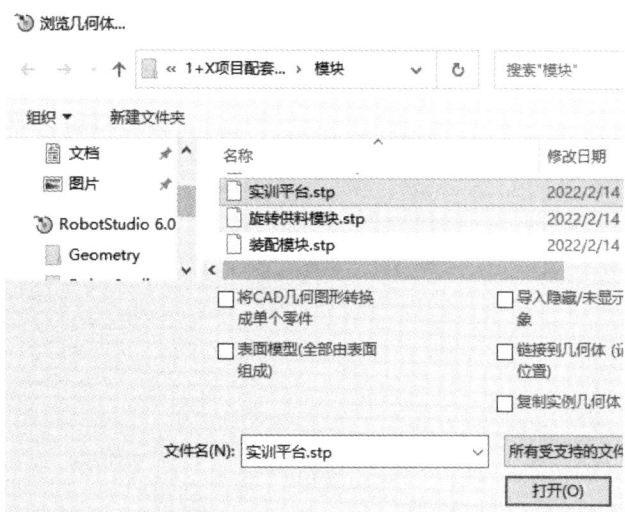

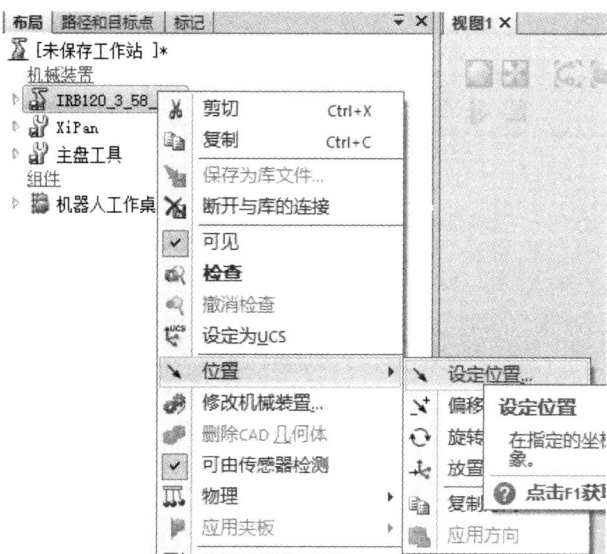

⑤ 机器人放置到工作台上的效果如右图所示

(5) 安装棋盘格模块至工作台。

① 同步骤(4)的方法，导入"棋盘格模块.stp"几何模型。在"布局"选项卡中，右键单击"机器人工作桌台"，在弹出的菜单中单击"可见"，隐藏机器人工作桌台。

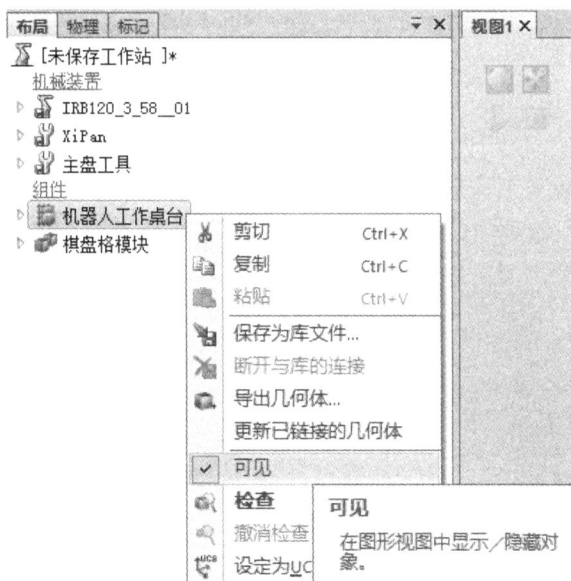

② 在"布局"选项卡中，选中"棋盘格模块"，然后在"基本"选项卡中，选择"移动" 工具，拖动右图中移动工具的三色箭头，将棋盘格模块移动至机器人附近。

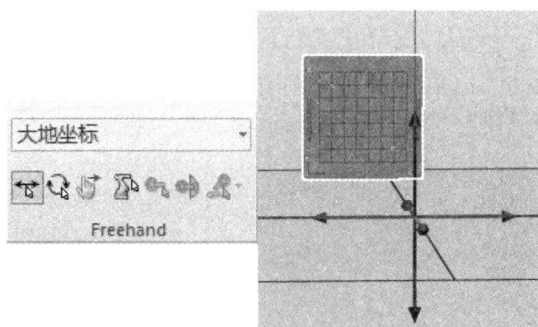

③ 同上述步骤①，再次单击"可见"按钮，将"机器人工作桌台"调整至可见状态，其位置关系如右图所示。	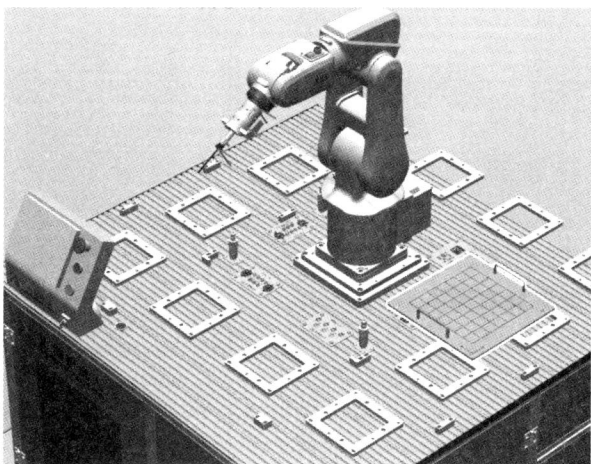
④ 使用两点法放置棋盘格模块至工作台。右键单击"布局"选项卡的"棋盘格模块"，在弹出的菜单中选择"位置"→"放置"→"两点"。	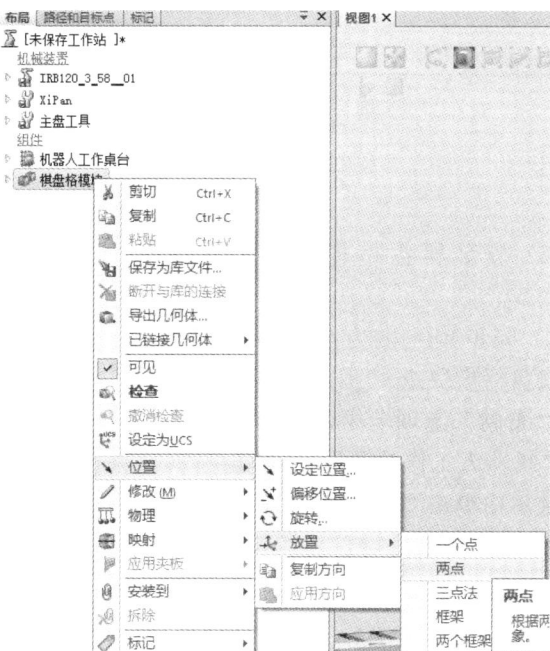
⑤ 此时，在软件界面的右下角将"选择方式"设置为"选择表面"，"捕捉模式"设置为"捕捉中心"。	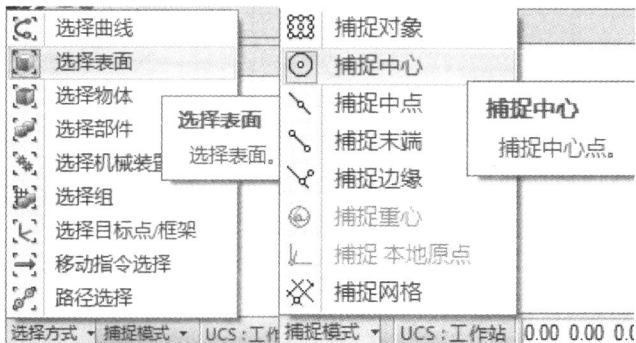

⑥ 在"放置对象"对话框中，将光标放置在左侧"主点-从(mm)"，然后选择棋盘格模块下方的左侧固定柱的突起位置，选择该点即可看到主点的坐标更新。 重复上述步骤，将光标放置在左侧"X轴上的点-从(mm)"，然后选择棋盘格下方右侧固定柱的突起位置，选择该点即可。	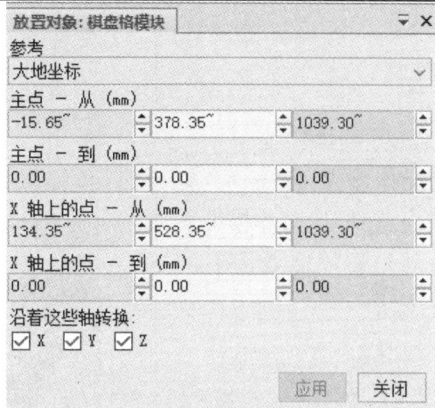
⑦ 同步骤⑥，将光标分别放置到"主点-到(mm)"和"X轴上的点-到(mm)"上，然后选择工作台模块底座上两个孔的中心点，将其作为棋盘格放置的目标位置(如右图所示)。坐标更新后单击步骤⑥图"放置对象"对话框中的"应用"按钮。	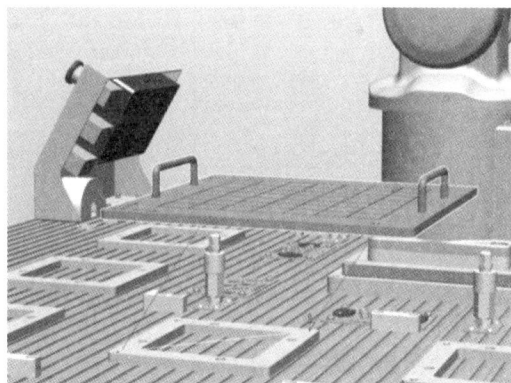
⑧ 棋盘格模块放置到工作台上的效果如右图所示	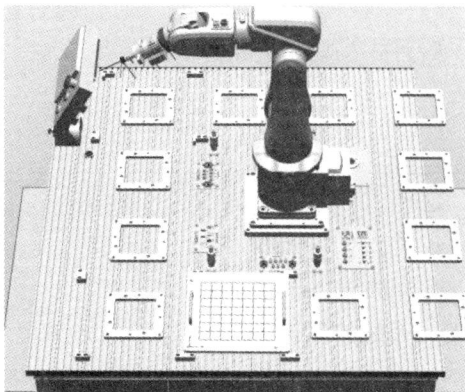

(6) 安装皮带运输模块。 方法同操作步骤(4)，导入"皮带运输模块.stp"几何体模型。导入模型后位置不需要调整，效果如右图所示	
(7) 导入减速器模块。 方法同操作步骤(4)，导入"减速器.stp"几何体模型。导入模型后位置不需要调整，效果如右图所示	
(8) 创建机器人系统。 ① 单击"基本"选项卡中的"机器人系统"→"从布局…"，创建机器人系统，操作与任务2.4 的步骤(1)至步骤(4)相同。	
② 等待软件界面右下角的"控制器状态"变为绿色，即完成机器人系统的创建	

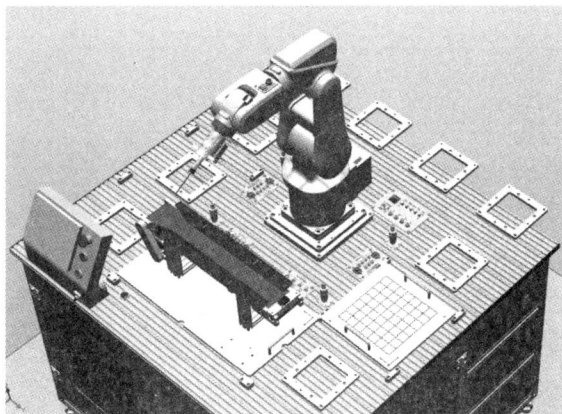

任务 3.2　　　码垛动画组件的创建

1. 动态吸盘工具的创建

以下步骤用于创建吸盘工具的 Smart 组件，从而实现物体靠近吸盘后自动吸附的功能。

操作步骤	示意图
(1) 创建吸盘工具 Smart 组件。 ① 单击"建模"选项卡→"Smart 组件"命令。	
② 在"布局"选项卡中新增"SmartComponent_1"组件，右键单击该组件，在弹出的菜单中选择"重命名"，并将名称改为"SC_吸盘"	

(2) 添加需要使用的组件。 ① 在右侧该组件编辑页的"组成"选项卡中，单击"添加组件"，右侧即可弹出组件添加对话框，如右图所示。	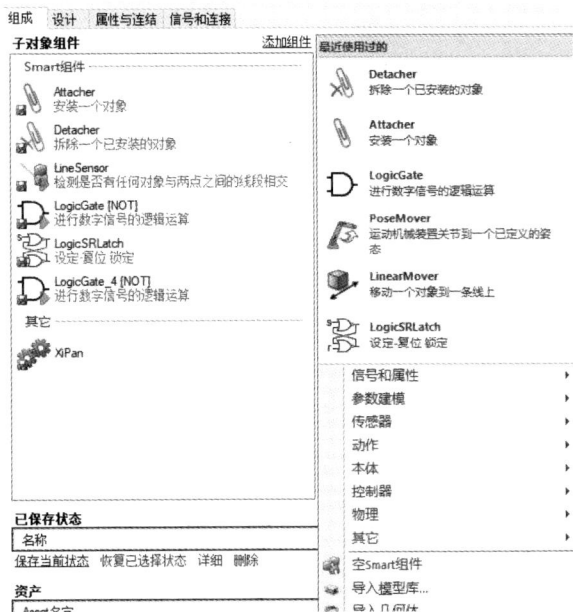
② 在"信号和属性"中，添加"LogicGate"和"LogicSRLatch"组件。	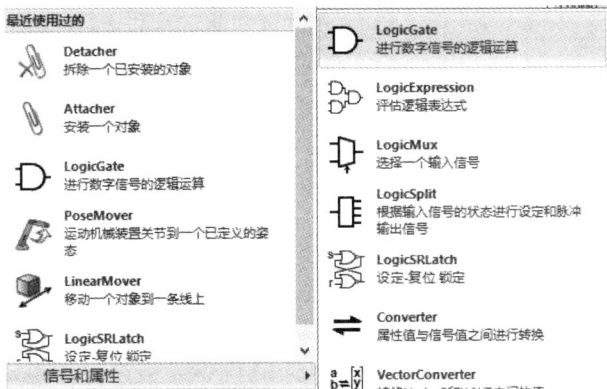
③ 在"传感器"中，添加"LineSensor"组件。	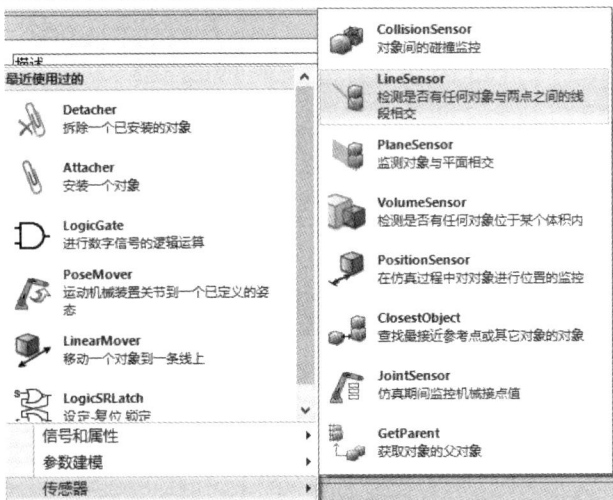

④ 在"动作"中，添加"Attacher"和"Detacher"组件。	
⑤ 组件添加完毕后如右图所示，通过单击组件列表中的组件即可切换编辑相应的对象组件	
(3) 添加吸盘工具到 Smart 组件，并重新安装。 ① 右键单击吸盘工具"XiPan"，在弹出的菜单中单击"拆除"。	

② 吸盘工具拆除后会弹出"更新位置"对话框,单击"否"按钮。	
③ 将"XiPan"工具拖动到"SC_吸盘"组件里,如右图所示。	
④ 在"SC_吸盘"组件编辑窗口的"组成"选项卡中,右键单击"XiPan",在弹出的菜单中勾选"设定为Role"。	
⑤ 在"布局"选项卡中用鼠标左键按住"SC_吸盘"组件,将其拖放到"IRB120_3_58__01"工业机器人上再松开。	

⑥ 在弹出的"更新位置"对话框中，单击"否"按钮。	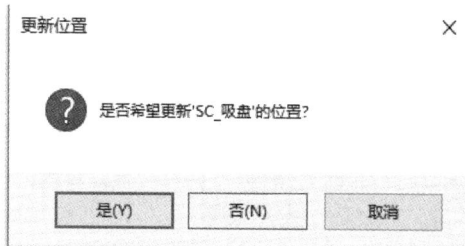
⑦ 在弹出的"Tooldata 已存在"对话框中，单击"是"按钮	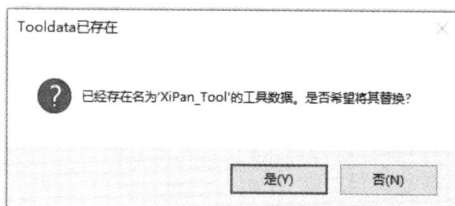
(4) 设置 LogicGate 组件属性。 ① 切换至"SC_吸盘"组件编辑界面,单击"LogicGate[NOT]"组件。	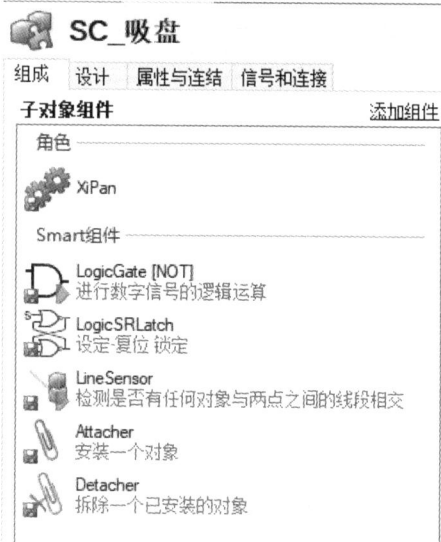
② 在弹出的"属性：LogicGate[NOT]"对话框中，将"Operator"栏设置为"NOT"	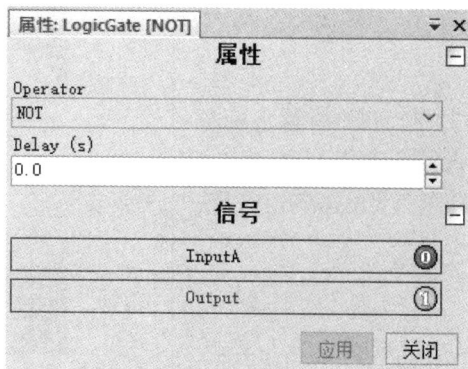

（5）设置 LineSensor 组件属性。 ① 将软件界面右下角的"捕捉模式"和"选择方式"设置为"捕捉中心"和"选择目标点/框架"。	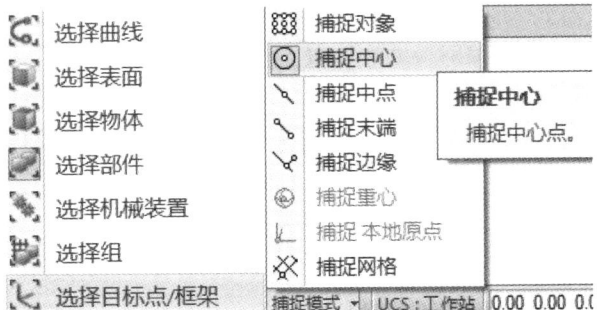
② 在"SC_吸盘"组件编辑页面中，单击"LineSensor"组件，在弹出的"属性：LineSensor"对话框中，单击"Start(mm)"行的输入框。	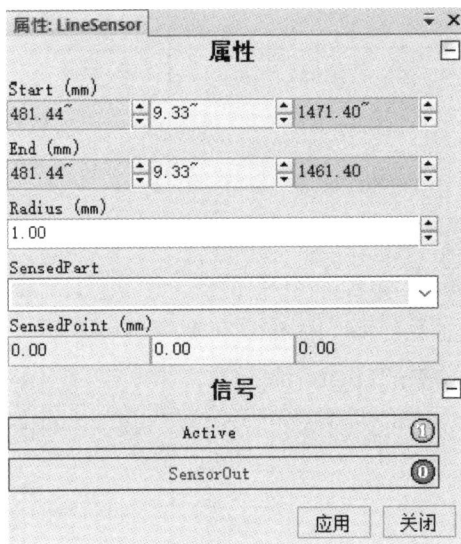
③ 单击吸盘末端的坐标框架中心点，此位置的具体坐标值将自动填入"Start(mm)"行。	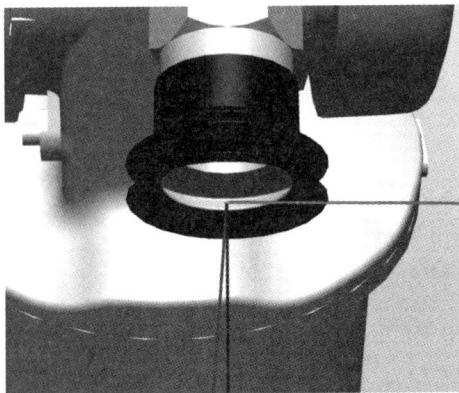

④ 在"属性：LineSensor"对话框中，单击"End(mm)"行的输入框；然后再单击吸盘末端的坐标框架中心点，该位置的具体坐标值会自动填入"End(mm)"行。	**属性：LineSensor** **属性**　□ Start (mm) 416.04~ ｜ 234.53~ ｜ 1083.76~ End (mm) 416.04~ ｜ 234.53~ ｜ 1083.76~ Radius (mm) 1.00 SensedPart 减速器_修正 SensedPoint (mm) 418.58~ ｜ -249.09~ ｜ 1082.10~ **信号**　＋ 应用　　关闭
⑤ 将"End(mm)"行中紫色(Z轴) 值减去 10 mm(该传感器的长度)，然后输入该坐标值；在"Radius(mm)"栏设置传感器的感应半径，将数值改为"3"，然后单击"应用"按钮。	**属性：LineSensor** **属性**　□ Start (mm) 416.04~ ｜ 234.53~ ｜ 1083.76~ End (mm) 416.04~ ｜ 234.53~ ｜ 1073.76~ Radius (mm) 3 SensedPart 减速器_修正 SensedPoint (mm) 418.58~ ｜ -249.09~ ｜ 1082.10~ **信号**　＋ 应用　　关闭
⑥ 调整吸盘的角度，可以看到右图中的黄色圆柱体即为LineSensor 的感应区域	

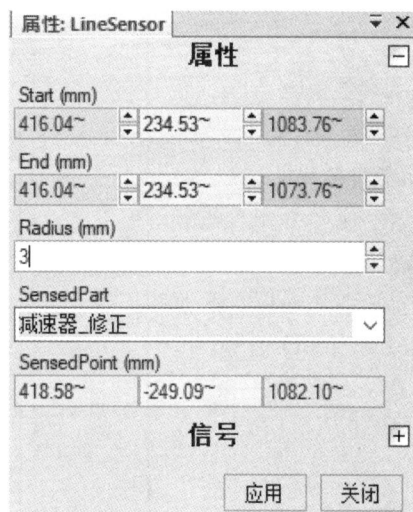

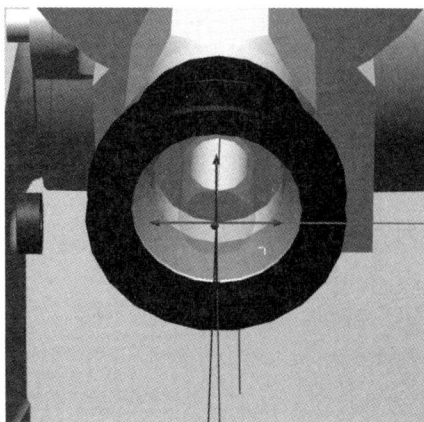

(6) 设置 Attacher 组件属性。在"SC_吸盘"组件编辑界面中，单击"Attacher"组件。Attacher 组件用于吸盘的吸附功能。在"属性：Attacher"对话框的"Parent"栏中，选择"XiPan(SC_吸盘)"工具。(注意不是"SC_吸盘"Smart 组件)然后单击"应用"按钮，设置完成	
(7) 添加数字信号。 ① 在"SC_吸盘"组件编辑界面的"信号和连接"选项卡中，单击左下方的"添加 I/O Signals"添加 I/O 信号。	
② 在弹出的"添加 I/O Signals"对话框中，将信号类型设置为"DigitalInput"，信号名称输入"DiXipan"，然后单击"确定"按钮。	

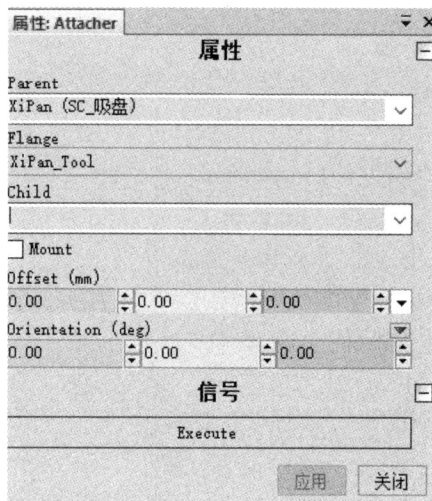

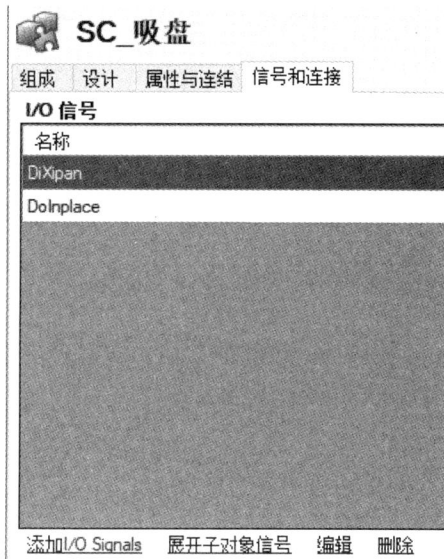

③ 重复上述操作,再创建一个数字输出信号。在弹出的"添加 I/O Signals"对话框中,将"信号类型"设置为"DigitalOutput","信号名称"设置为"DoInplace",然后单击"确定"按钮

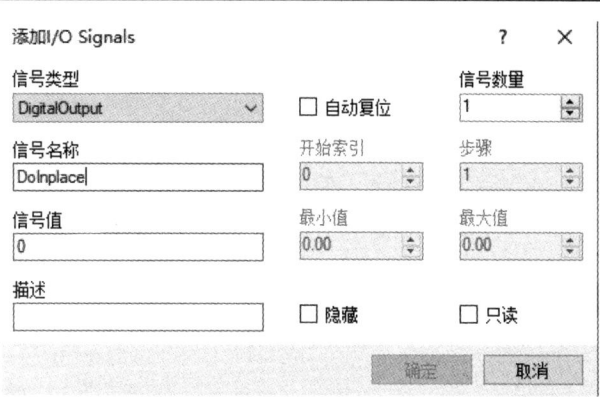

(8) 信号和属性连接。

① 在步骤(7)的"SC_吸盘"编辑界面中选择"设计"选项卡,并按照右图进行信号连接。

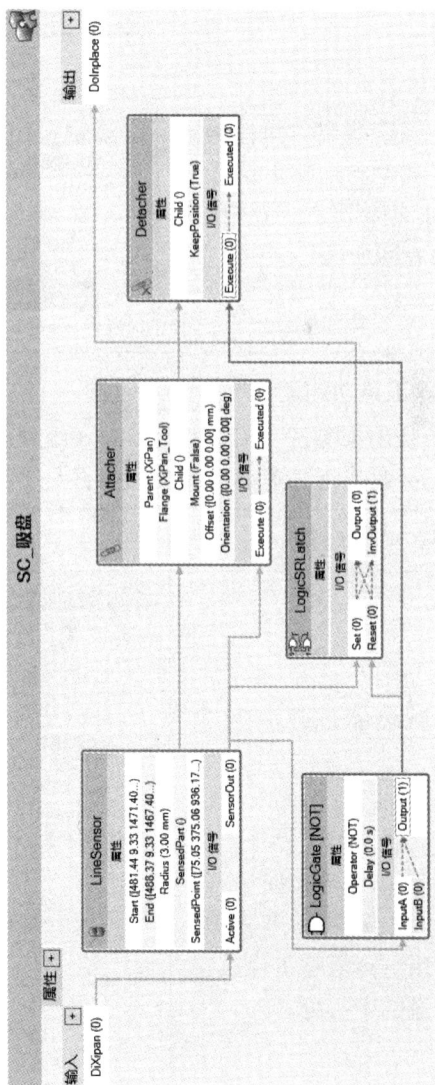

② 信号连接完成后，在"SC_吸盘"组件编辑界面的"信号和连接"选项卡中，"I/O连接"信息将自动生成，如右图所示。	
③ 在"SC_吸盘"组件编辑界面的"属性与连接"选项卡中，"属性连接"信息也将自动生成，如右图所示	

2. 吸盘工具功能测试

以下步骤用于测试"SC_吸盘"Smart组件的功能是否设置正确，若启用该Smart组件，则可测试当吸盘靠近减速器后减速器工件是否会跟随吸盘工具一起移动。

操 作 步 骤	示 意 图
(1) 将减速器放置到吸盘位置。 ① 在"布局"选项卡中，右键单击"减速器工件"，在弹出的菜单中选择"位置"→"放置"→"一个点"，使用一点法将工件放置到吸盘末端的中心处。	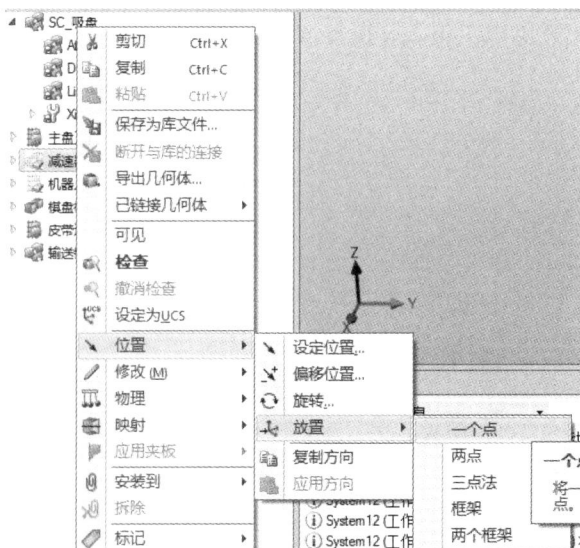

② 在软件界面的右下角位置，将"选择方式"设置为"选择表面"，将"捕捉方式"设置为"捕捉中心"。	
③ 在"放置对象：减速器"对话框中，将光标移至"主点-从(mm)"位置的输入框中。 "参考"设置不变，选择"大地坐标"。	
④ 在"视图1"界面中找到减速器工件，在其上表面选择其中心点，选中后会出现黄黑色箭头，如右图所示。此时，"放置对象：减速器"对话框中的"主点-从(mm)"的坐标将会自动更新。	
⑤ 在软件界面右下角位置，将"选择方式"设置为"目标点/框架"，"捕捉模式"的设置不变。	

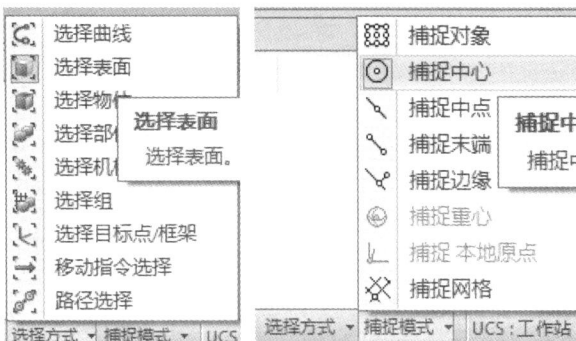

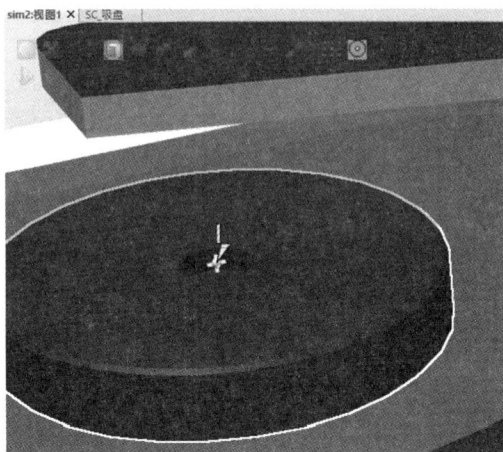

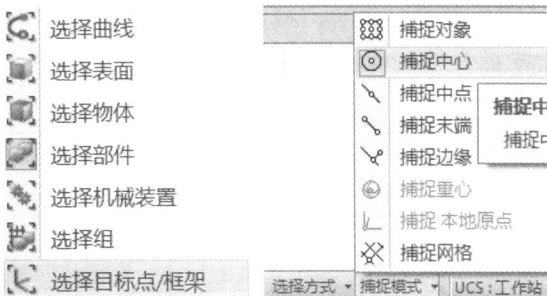

⑥ 重复上述步骤，在"放置对象：减速器"对话框中，将光标移至"主点-到(mm)"位置的输入框中；在"视图"界面中选中吸盘的坐标中心为第二个点，如右图所示。	
⑦ 此时，"放置对象：减速器"对话框中的"主点-到(mm)"的坐标将会自动更新。最后单击"应用"。	
⑧ 完成上述操作后，减速器工件将会移动到如右图所示位置	

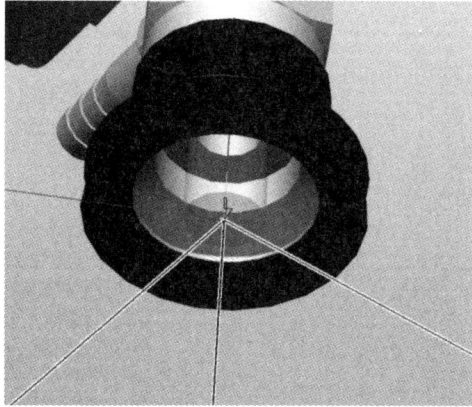

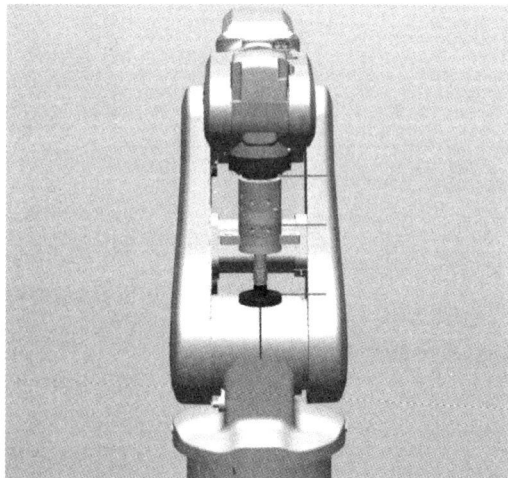

(2) 吸盘功能测试。 ① 在"布局"选项卡中右键单击"SC_吸盘",在弹出的菜单中选择"属性"。	
② 在"属性：SC_吸盘"对话框中,单击"DiXipan"按钮,将"DiXipan"信号置为"1"。 此时因为该组件测到物体存在,所以"DoInplace"信号输出为"1",如右图所示。	
③ 在"基本"选项卡的"Freehand"功能组中单击"手动线性" 按钮。	
④ 操作机器人沿任意方向移动,可见减速器工件会跟随机器人末端吸盘工具运动。	

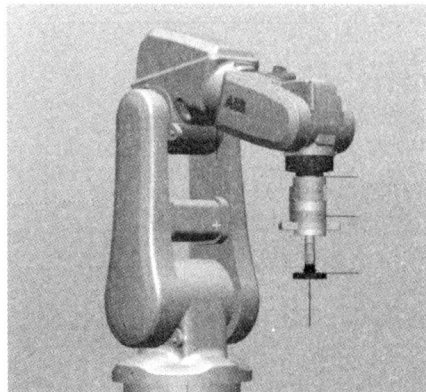

操作步骤	示意图
⑤ 在"属性：吸盘工具"对话框中，单击"DiXipan"按钮，将"DiXipan"信号置为"0"，此时再操作机器人沿任意方向进行线性运动，可见减速机工件不再跟随机器人末端吸盘工具运动	

3. 动态输送链组件的创建

利用输送模块的输送带，将减速器工件从输送带入口运输至输送带末端时自动停止，并反馈工件到位信号，当工件到位并移走后，工件到位信号复位，此时再创建一个新的工件，输送链将新的工件自动输送至输送带末端并自动停止，如此反复运行。下面即为上述动态输送链组件创建的具体操作步骤。

操作步骤	示意图
(1) 创建吸盘工具 Smart 组件。 ① 单击"建模"→"Smart 组件"命令。	
② 将"布局"选项卡的"SmartComponent_1"组件名称改为"SC_输送"。方法同任务 3.2 中第一部分"动态吸盘工具的创建"操作步骤(1)	
(2) 添加需要使用的组件。 ① 在"SC_输送"组件编辑界面中，单击"添加组件"。	

② 在"传感器"选项中添加"PlaneSensor"组件。	信号和属性　▶ 参数建模　▶ 传感器　▶ 动作　▶ 本体　▶ 控制器　▶ 物理　▶ 其它　▶ 空Smart组件 导入模型库... 导入几何体... **CollisionSensor** 对象间的碰撞监控 **LineSensor** 检测是否有任何对象与两点之间的线段相交 **PlaneSensor** 监测对象与平面相交 **VolumeSensor** 检测是否有任何对象位于某个体积内 **PositionSensor** 在仿真过程中对对象进行位置的监控 **ClosestObject** 查找最接近参考点或其它对象的对象 **JointSensor** 仿真期间监控机械接点值 **GetParent** 获取对象的父对象
③ 在"动作"选项中添加"Soure"组件。	信号和属性　▶ 参数建模　▶ 传感器　▶ 动作　▶ 本体　▶ 控制器　▶ 物理　▶ 其它　▶ 空Smart组件 导入模型库... 导入几何体... **Attacher** 安装一个对象 **Detacher** 拆除一个已安装的对象 **Source** 创建一个图形组件的拷贝 **Sink** 删除图形组件 **Show** 在画面中使该对象可见 **Hide** 在画面中将对象隐藏 **SetParent** 设置图形组件的父对象
④ 在"本体"选项中添加"LinearMover"组件。	信号和属性　▶ 参数建模　▶ 传感器　▶ 动作　▶ 本体　▶ 控制器　▶ 物理　▶ 其它　▶ 空Smart组件 导入模型库... 导入几何体... **LinearMover** 移动一个对象到一条线上 **LinearMover2** 移动一个对象到指定位置 **Rotator** 按照指定的速度,对象绕着轴旋转 **Rotator2** 对象绕着一个轴旋转指定的角度 **PoseMover** 运动机械装置关节到一个已定义的姿态

⑤ 在"其他"选项中添加"Queue"和"SimulationEvents"组件	**最近使用过的** Detacher 拆除一个已安装的对象 Attacher 安装一个对象 LogicGate 进行数字信号的逻辑运算 PoseMover 运动机械装置关节到一个已定义的姿态 LinearMover 移动一个对象到一条线上 LogicSRLatch 设定-复位 锁定 信号和属性 ▶ 参数建模 ▶ 传感器 ▶ 动作 ▶ 本体 ▶ 控制器 ▶ 物理 ▶ 其它 ▶ Queue 表示为对象的队列，可作为组进行操纵 ObjectComparer 设定一个数字信号输出对象的比较结果 GraphicSwitch 双击图形在两个部件之间进行转换 Highlighter 临时改变对象颜色 MoveToViewpoint 切换到已定义的视角上 Logger 在输出窗口显示信息 SoundPlayer 播放声音 Random 生成一个随机数 StopSimulation 停止仿真 TraceTCP
(3) 设置"PlaneSensor"组件的属性。 ① 在"SC_输送"组件编辑界面中，单击"PlaneSensor"，切换至"PlaneSensor"属性编辑界面。	**SC_输送** 组成 | 设计 | 属性与连结 | 信号和连接 **子对象组件** 添加组件 Smart组件 PlaneSensor 监测对象与平面相交 Source 创建一个图形组件的拷贝 LinearMover 移动一个对象到一条线上 Queue 表示为对象的队列，可作为组进行操纵 SimulationEvents 仿真开始和停止时发出的脉冲信号
② 在"PlaneSensor"属性编辑界面中，"Origin(mm)"为选取感应面的起始点位置，"Axis1(mm)"和"Axis2(mm)"是目标平面分别沿 X、Y、Z 轴方向延伸的距离。延伸出的距离组成的平面即为最终的感应平面。"SensedPart"则是感应到的对象。	**属性: PlaneSensor** **属性** Origin (mm) 0.00 0.00 0.00 Axis1 (mm) 100.00 0.00 0.00 Axis2 (mm) 0.00 100.00 0.00 SensedPart **信号** Active ① SensorOut ⓪ 应用 关闭

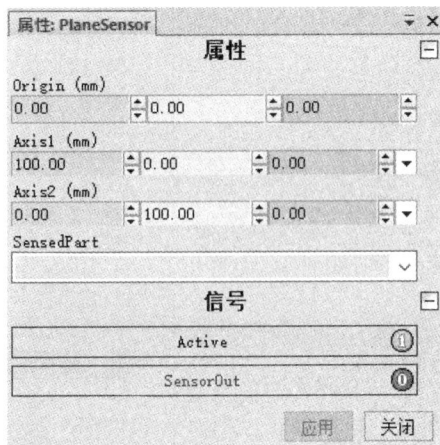

③ 切换至"视图"界面中,在输送链末端位置选择感应平面的第一个点,即右图中小白球的位置。	
④ 在"建模"选项卡中,选择"测量"工具栏中的"点到点"工具。	
⑤ 分别指定起始点和终止点,测量出右图中蓝色目标平面的 X 方向上的距离为 110 mm。	
⑥ 在"PlaneSensor"属性编辑界面的"Axis1(mm)"栏中分别填入"110.00""0.00""0.00"。	
⑦ 再次使用"点到点"测量工具,测量右图中蓝色目标区域的高度为 5.00 mm。	

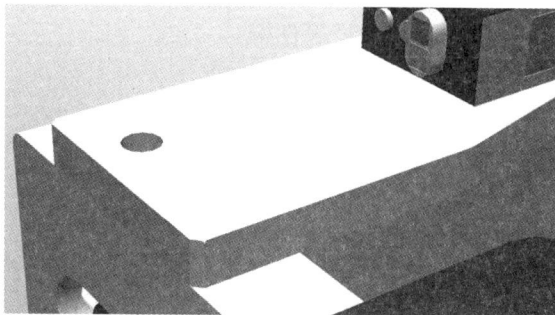

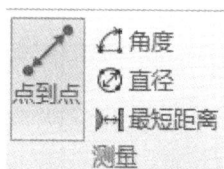

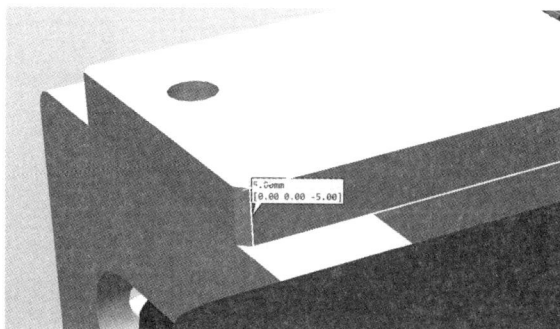

⑧ 在 "PlaneSensor" 属性编辑界面的 "Axis2(mm)" 栏中分别填入 "0.00" "0.00" "−5.00"，填写完成后单击 "应用"。	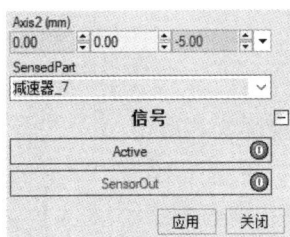
⑨ 最后形成的黄色区域即为最终的感应平面，如右图所示	
(4) 设置 Source 组件的属性。 切换至 "属性：Source" 界面，单击 "Source" 下拉箭头，在下拉列表中选择 "减速器"，单击 "应用" 按钮	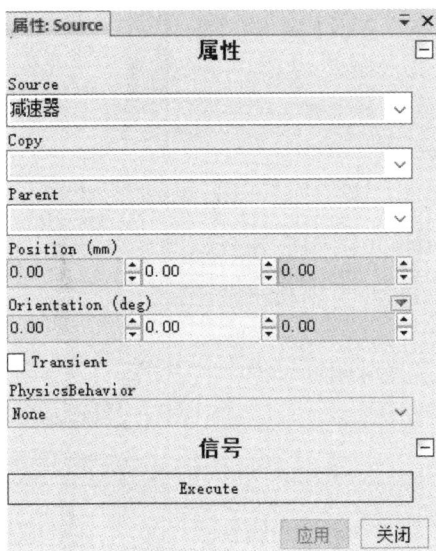
(5) 设置 LinearMover 组件的属性。 切换至 "属性：LinearMover" 界面，单击 "Object" 下拉箭头，在下拉列表中选择 "Queue (SC_ 输送)"；在 "Direction(mm)" 栏的第 2 个输入框中输入 "1.00"，方向为 Y 轴的正方向；在 "Speed (mm/s)" 栏中输入 "200.00"；信号 "Excute" 置为 "1"；最后单击 "应用" 按钮	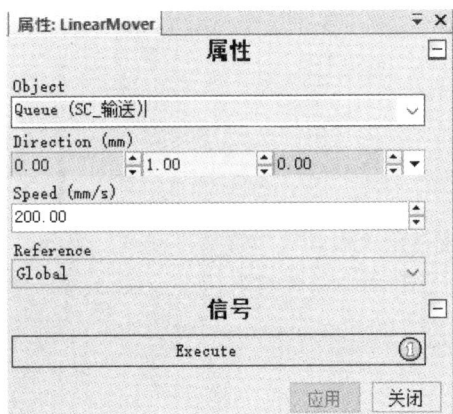

(6) 添加数字信号。 ① 在"SC_输送"编辑界面中选择"信号和连接"选项卡，单击左下角"添加 I/O Signals"添加 I/O 信号。	**SC_输送** 组成　设计　属性与连结　**信号和连接** **I/O信号** 名称 DiStart DoArrive 添加I/O Signals　展开子对象信号　编辑　删除
② 在弹出的"添加 I/O Signals"对话框中，将"信号类型"设置为数字输入信号"DigitalInput"，"信号名称"设置为"Distart"，设置完成后单击"确定"。	添加I/O Signals　　　　　?　× 信号类型　　　　　　　　　　信号数量 DigitalInput　∨　☐自动复位　1 信号名称　　　　开始索引　　步骤 Distart　　　　0　　　　1 信号值　　　　　最小值　　最大值 0　　　　　　0.00　　0.00 描述　　　　　　☐隐藏　　☐只读 　　　　　　　　确定　　取消
③ 再次单击"添加 I/O Signals"添加 I/O 信号。 在弹出的"添加 I/O Signals"对话框中，将"信号类型"设置为数字输出信号"DigitalOutput"，"信号名称"设置为"Doarrive"，设置完成后单击"确定"	添加I/O Signals　　　　　?　× 信号类型　　　　　　　　　　信号数量 DigitalOutput　∨　☐自动复位　1 信号名称　　　　开始索引　　步骤 Doarrive　　　　0　　　　1 信号值　　　　　最小值　　最大值 0　　　　　　0.00　　0.00 描述　　　　　　☐隐藏　　☐只读 　　　　　　　　确定　　取消

(7) 设置属性和信号连接。

① 在上述步骤(6)的"SC_输送"组件编辑界面中选择"设计"选项卡，按照右图进行信号连接。

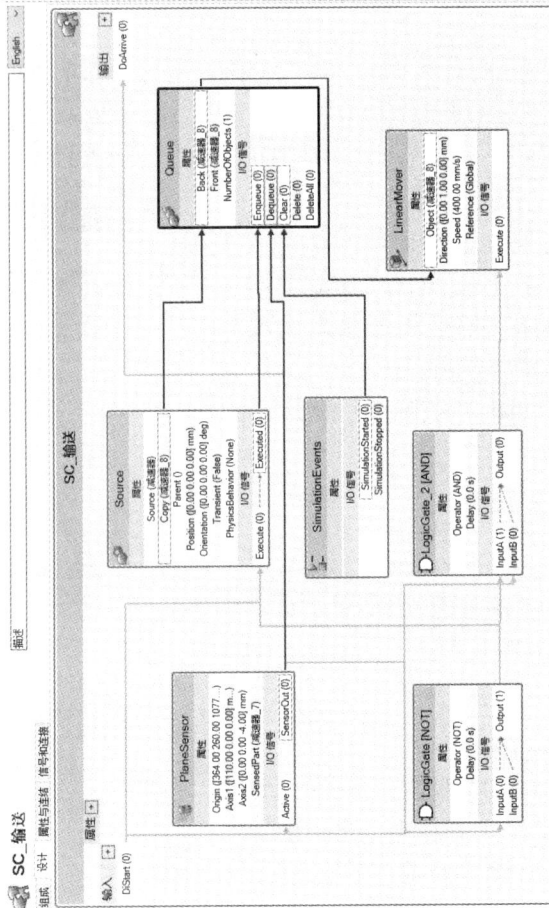

② 连接完成后，在"SC_输送"组件编辑界面的"信号和连接"选项卡中，"I/O连接"信息将自动生成，如右图所示。

源对象	源信号	目标对象	目标信号或属性
SC_输送	DiStart	PlaneSensor	Active
SC_输送	DiStart	Source	Execute
PlaneSensor	SensorOut	LogicGate [NOT]	InputA
LogicGate [NOT]	Output	Source	Execute
Source	Executed	Queue	Enqueue
PlaneSensor	SensorOut	Queue	Dequeue
SimulationEvents	SimulationStarted	Queue	Clear
PlaneSensor	SensorOut	SC_输送	DoArrive
LogicGate [NOT]	Output	LogicGate_2 [A...	InputA
SC_输送	DiStart	LogicGate_2 [A...	InputB
LogicGate_2 [AN...	Output	LinearMover	Execute

③ 在"SC_输送"组件编辑界面的"属性与连结"选项卡中，"属性连结"信息将自动生成，如右图所示

源对象	源属性	目标对象	目标属性或信号
Source	Copy	Queue	Back
Queue	Back	LinearMover	Object

4. 动态输送链组件功能的验证

动态输送链组件功能的验证方法如下。

操 作 步 骤	示 意 图
(1) 创建循环函数用于仿真。 ① 单击"RAPID"选项卡,在左侧选项卡中依次展开"RAPID"→"Module1"→"main",然后双击打开 main 函数。在 main 函数中输入如下代码: "WHILE TRUE DO WaitTime 1; ENDWHILE", 如右图所示。	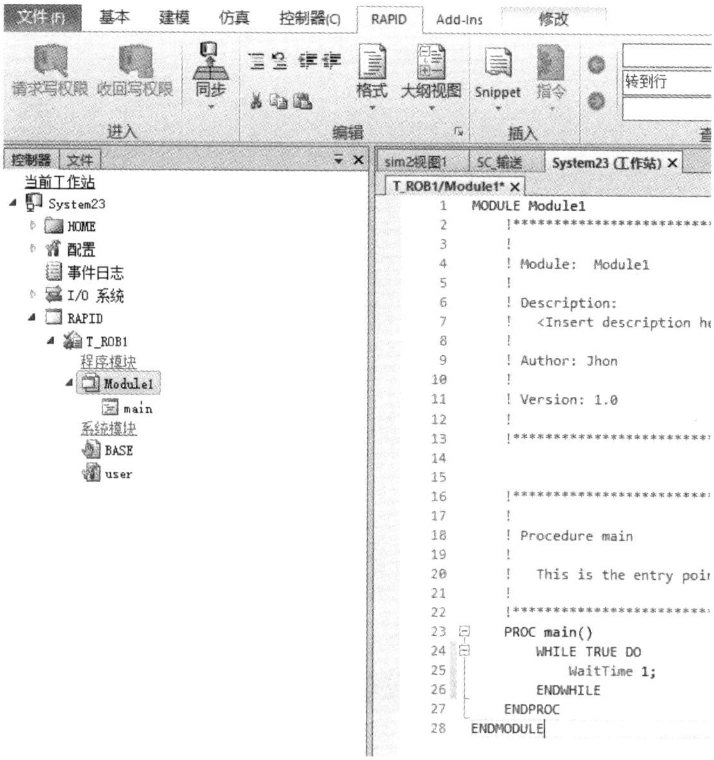
② 在"RAPID"选项卡中单击"同步"下方的箭头,在展开的菜单中单击"同步到工作站…"	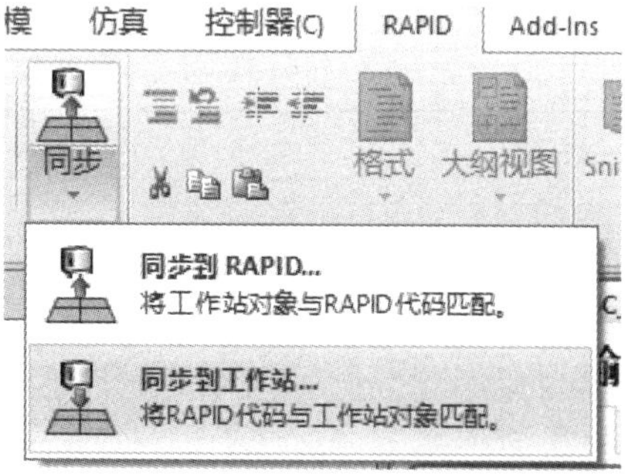
(2) 仿真验证。 ① 在"仿真"选项卡中单击"播放"指令。	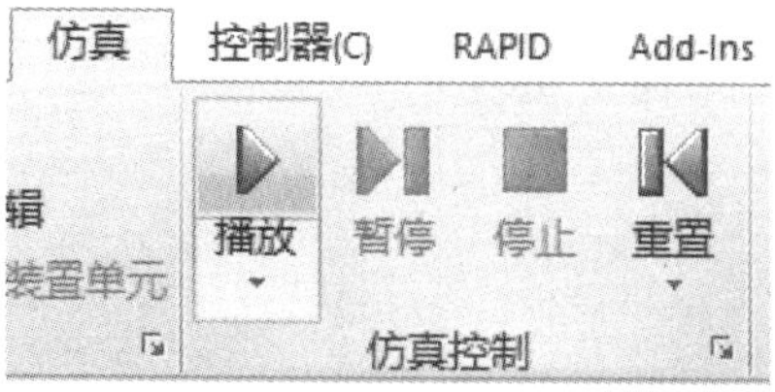

操作步骤	示意图
② 在"SC_输送"Smart 组件的属性界面中,将"DiStart"按钮置"1"。	
③ 观察输送链上的减速器是否正常运动。减速器到达输送带末端时会自动停止,将"SC_输送"Smart 组件的属性界面中的"DoArrive"按钮信号置"1"	

任务 3.3　　码垛轨迹离线编程与调试

1. 工作站逻辑配置

码垛轨迹工作站逻辑配置的具体操作方法如下。

操作步骤	示意图
(1) 打开 I/O 系统配置。在"控制器"选项卡中,单击"配置"命令,在弹出的菜单中选择"I/O System"	

(2) 新建信号。 ① 在配置界面的"Signal"行单击右键,然后选择"新建 Signal…"。	**配置 - I/O System ×** | 类型	Name	Type
---	---	---
Access Level	AS1	Digital
Cross Connection	AS2	Digital
Device Trust Level	AUTO1	Digital
EtherNet/IP Command	AUTO2	Digital
EtherNet/IP Device	CH1	Digital
Industrial Network	CH2	Digital
Route	DRV1BRAKE	Digital
Signal	DRV1BRAKEFB	Digital
Signal Saf　**新建 Signal…**		Digital
System Input	DRV1CHAIN2	Digital
System Output	DRV1EXTCONT	Digital	
② 在弹出的"实例编辑器"编辑界面中分别输入名称和类型,"Name"栏输入"Doxipan","Type of Signal"栏选择"Digital Output"。 重复上述操作,创建"DoStart"信号。	**实例编辑器** | 名称	值	信息
---	---	---
Name	Doxipan	已更改
Type of Signal	Digital Output	已更改
Assigned to Device		
Signal Identification Label		
Category		
Access Level	Default	
Default Value	0	
Invert Physical Value	○ Yes ● No	
Safe Level	DefaultSafeLevel		
③ 在"实例编辑器"编辑界面中,"Name"栏中输入"DiInplace","Type of Signal"栏选择"Digital Intput"。 重复上述操作,创建"DiArrive"信号。	**实例编辑器** 	名称	值
Name	DiInplace
Type of Signal	Digital Input
Assigned to Device	
Signal Identification Label	
Category	
Access Level	Default
Default Value	0
Filter Time Passive (ms)	0
Filter Time Active (ms)	0
Invert Physical Value	○ Yes ● No	

④ 创建好的变量如右图所示	配置 - I/O System ✕ 类型 / Name / Type of Signal Access Level — AS1 — Digital Input Cross Connection — AS2 — Digital Input Device Trust Level — AUTO1 — Digital Input EtherNet/IP Command — AUTO2 — Digital Input EtherNet/IP Device — CH1 — Digital Input Industrial Network — CH2 — Digital Input Route — DiArrive — Digital Input Signal — DiInplace — Digital Input Signal Safe Level — DoStart — Digital Output — Doxipan — Digital Output
(3) 重启控制器。 ① 在"控制器"选项卡中单击"重启"→"重启动(热启动)"命令。控制器重启后,上面新建的变量才会生效。	
② 在弹出的"重启动(热启动)"对话框中,单击"确定",控制器开始重启。等待软件界面右下角的"控制器状态"呈绿色,说明控制器重启完成	 ABB RobotStudio ✕ 重启动(热启动)(R) 控制器将重启。状态已经保存,对系统参数设置的任何修改都将在重启后激活。 ☐ 不再显示此对话 确定 取消 控制器状态: 1/1
(4) 设计工作站逻辑。 ① 在"仿真"选项卡中,单击"工作站逻辑"命令,进入"工作站逻辑"编辑界面。	
② 在"工作站逻辑"编辑界面选择"设计"子界面。	 sim2视图1 工作站逻辑 ✕ sim2 组成 设计 属性与连结 信号和连接

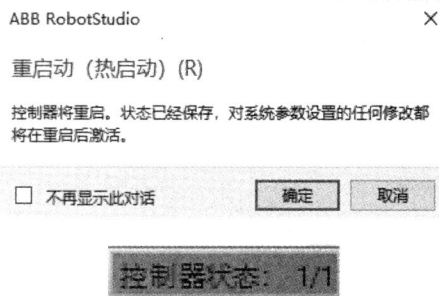

操作步骤	示意图
③ 在"System23"的"I/O信号"的下拉菜单中选择操作步骤(2)创建的 4 个输入/输出信号。分别单击"DiArrive""DiInplace""Doxipan"和"DoStart"即可实现添加。	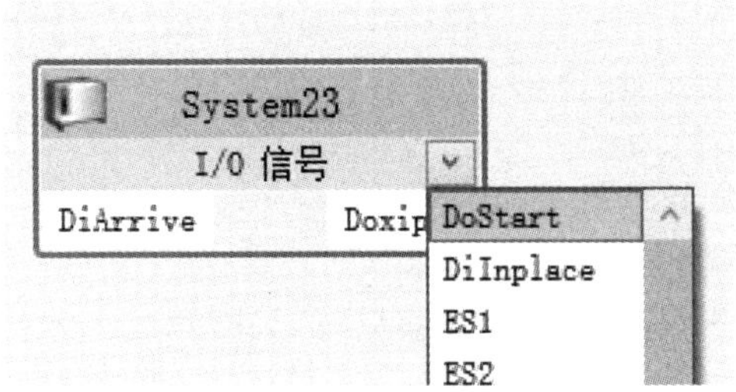
④ 按照右图连接各输入/输出变量，即完成工作站逻辑的设计	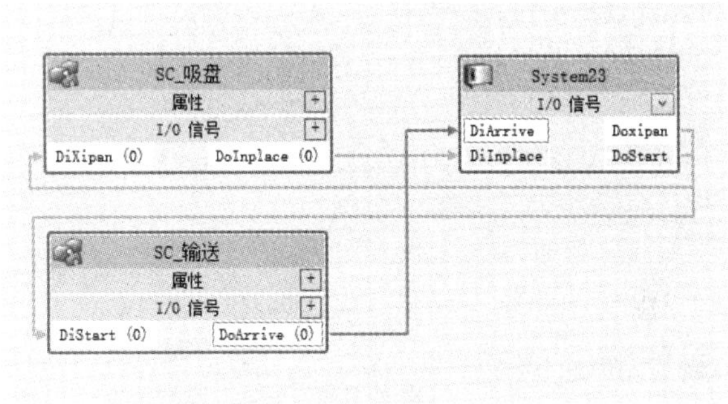

2. 码垛路径的规划

工业机器人的目标点分别为 pHome 点(机械原点)、pPick 点(吸取点)和 pPut 点(放置点)，要对工业机器人吸取、放置减速器工件的路径进行规划与实现，具体操作步骤如下。

操 作 步 骤	示 意 图
(1) 设置 pHome 点。 ① 在"基本"选项卡中，单击"目标点"→"创建Jointtarget"。	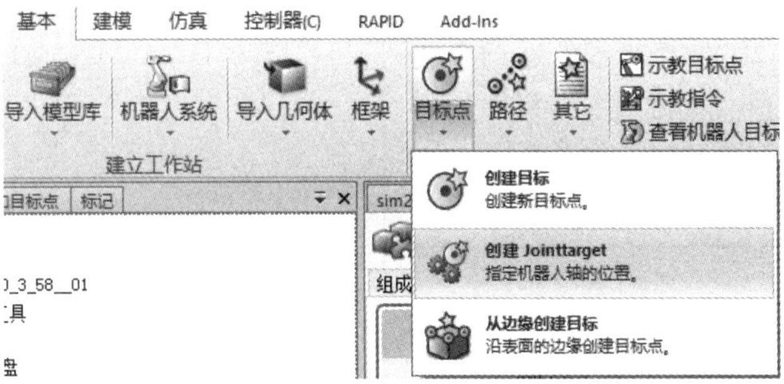
② 在弹出的"创建关节目标点"对话框中，在"名称"栏中输入"pHome"；在"轴数值"中，将"机器人轴"的"Value"参数设置为"0.00""-20.00""20.00""0.00""90.00""0.00"，如右图所示。	

③ 切换至"路径和目标点"选项卡，在"接点目标点"目录下找到刚才创建的"pHome"点，右键单击"pHome"，在弹出的菜单中选择"跳转到关节目标"	
(2) 设置 pPick 点。 ① 在软件界面的右下角将"捕捉模式"和"选择方式"设置为"捕捉中心"和"选择表面"。	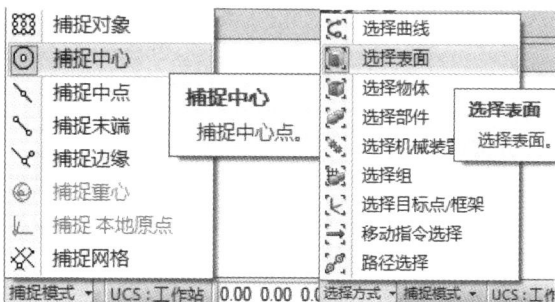
② 在"基本"选项卡的"Freehand"工具栏中选择"手动线性" 模式。	
③ 使用上述"手动线性"模式拖动机器人吸盘末端的三色坐标轴移动，将吸盘工具 TCP 点调整至捕捉到减速器工件表面圆心，如右图所示。	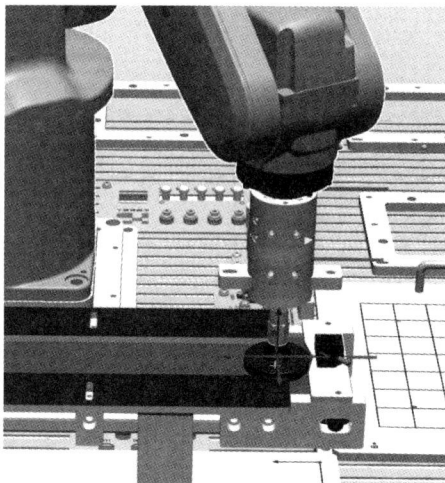

④ 在"基本"选项卡的"路径编程"命令组中，单击"示教目标点"按钮。	
⑤ 在"路径和目标点"选项卡中的"wobj0"坐标系目录下，可看到上述示教的目标点"Target_10"。右键单击"Target_10"，在弹出的菜单中单击"重命名"，将其改为"pPick"。pPick点设置完成	
(3) 设置 pPut 点。 ① 右键单击"布局"选项卡下的"皮带运输模块"，在弹出的菜单中单击"可见"选项，可将"皮带运输模块"隐藏。	

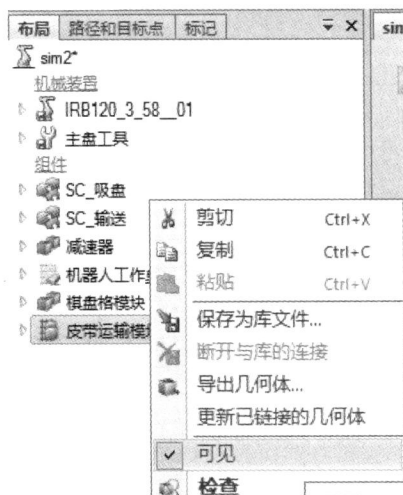

② 使用一点法放置减速器模块。在"布局"选项卡中，右键单击"减速器"，在弹出的菜单中选择"位置"→"放置"→"一个点"。	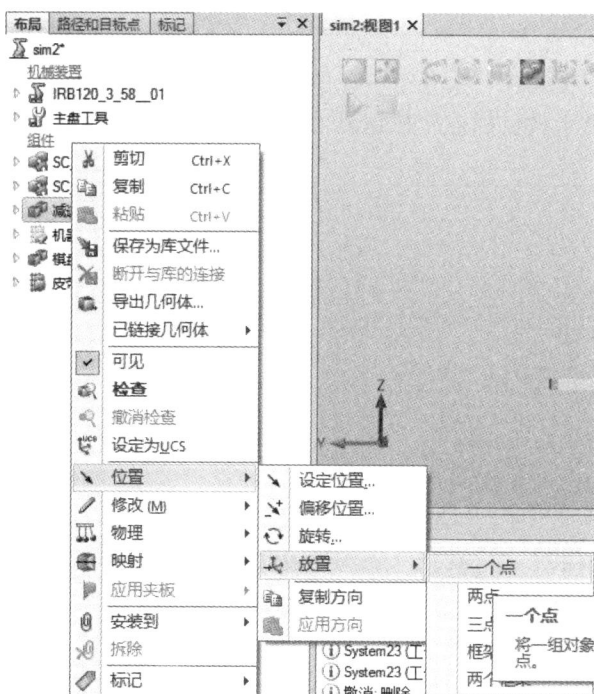
③ 在弹出的"放置对象：减速器"对话框中，将光标移至"主点-从(mm)"位置的输入框中，设置如右图所示。"参考"坐标系不变，选择"大地坐标"。	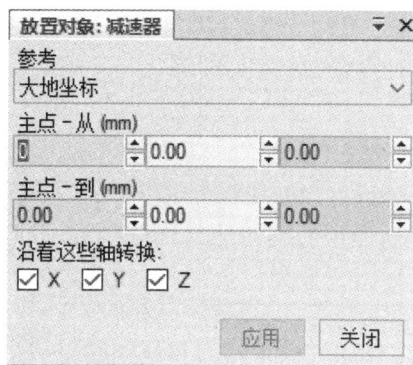
④ 找到减速器工件，在其下表面选择其中心点，选中后出现黄黑色箭头，如右图所示。	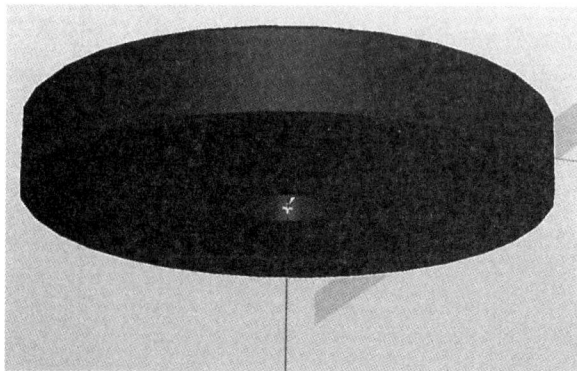

⑤ 在"放置对象：减速器"对话框中，将光标移至"主点-到(mm)"位置的输入框中。	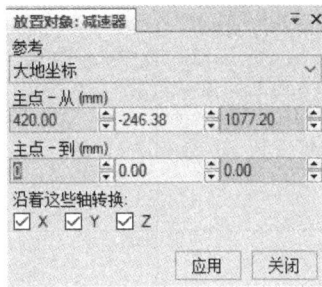
⑥ 放置点选择在棋盘格一点上，如右图所示。	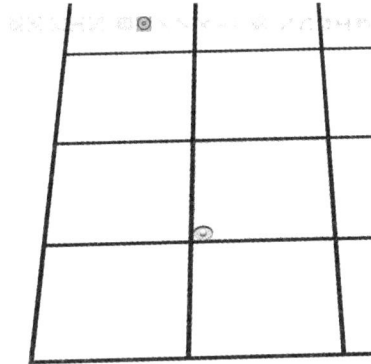
⑦ 单击"放置对象：减速器"对话框中的"应用"按钮，减速器工件将移动到该位置。	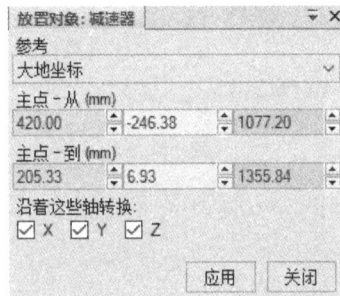
⑧ 使用"手动线性"模式，拖动右图中吸盘末端的三色操作轴，操作机器人吸盘工具 TCP 点至减速器工件上表面的中心处，如右图所示。	

⑨ 在软件界面的"基本"选项卡下的"路径编程"命令组中，单击"示教目标点"，该点将自动命名为"Targer_20"。	
⑩ 在"路径和目标点"选项卡中，右键单击"Target_20"，在弹出的菜单中单击"重命名"，将其重命名为"pPut"。pPut 点设置完成	
(4) 添加路径点。 ① 在"路径和目标点"选项卡中，找到"路径与步骤"子目录，右键单击"WaitTime1"，在弹出的菜单中单击"删除"。	

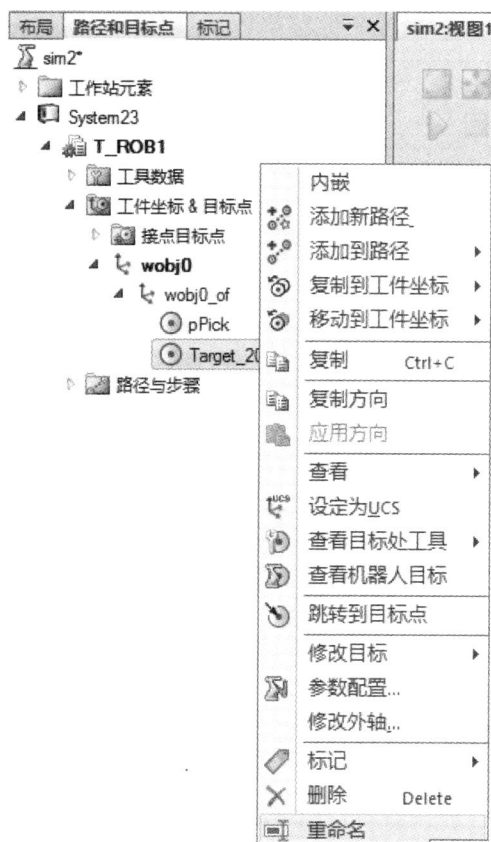

②　在"接点目标点"子目录中，右键单击"pHome"，在弹出的菜单中选择"添加到路径"→"main"→"第一"，即可将该点添加到程序第一行。如果单击"最后"，则可将该点添加到路径的最后一行。	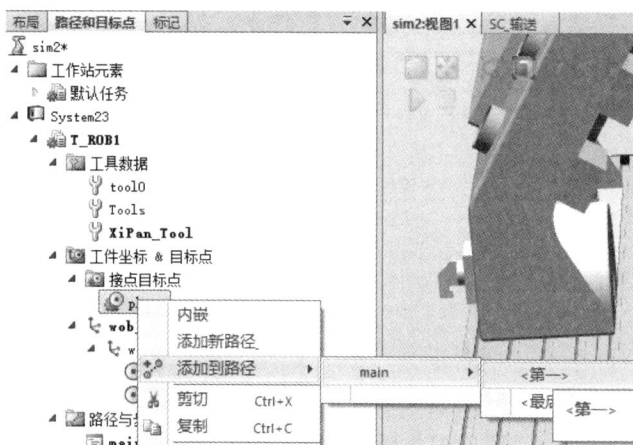
③　这里分别将之前创建的 pHome 点、pPick 点和 pPut 点添加到路径的最后一行	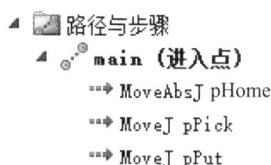
(5) 同步路径点。 ①　在软件界面的"基本"选项卡中，单击"同步到 RAPID…"。	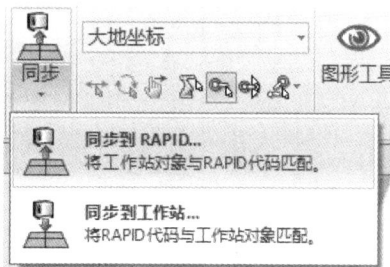
②　在弹出的"同步到 RAPID"对话框中，将"同步"栏下方的方框全部勾选，然后单击"确定"按钮，即完成同步路径点	

3. 码垛程序的编写

机器人码垛的程序编写过程如下。

操 作 步 骤	示 意 图
(1) 打开编辑界面。 　在"RAPID"选项卡中，双击打开"Module1"模块下的"main"函数，如右图所示。第 27～30 行为"main"程序的主体部分	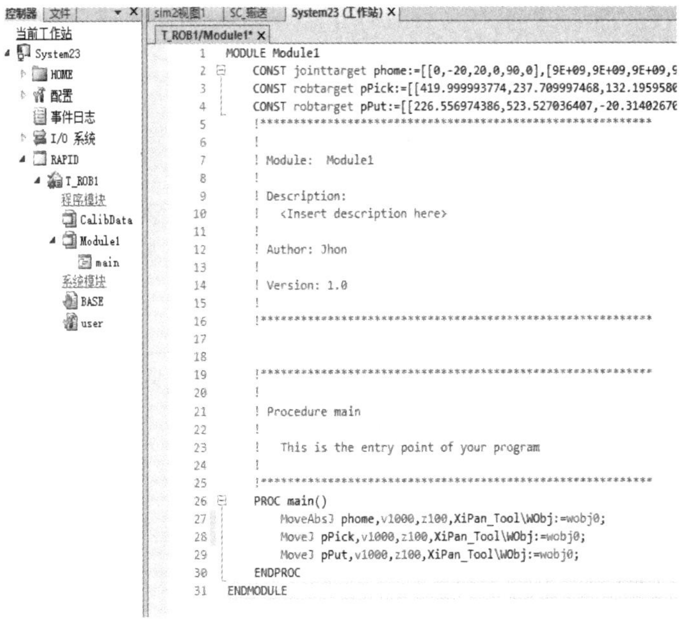
(2) 修改和完善程序。 　按右图修改和输入程序代码	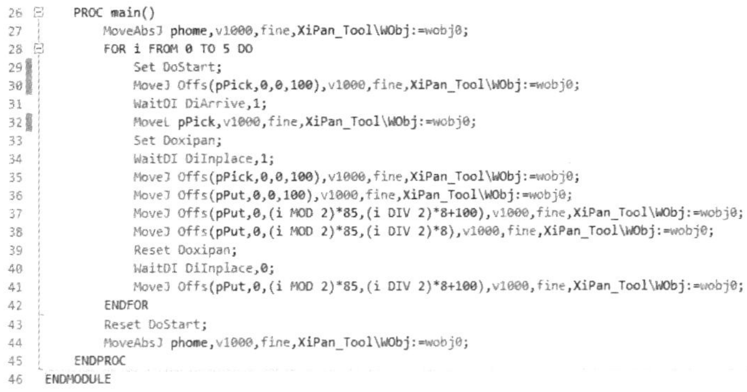
(3) 上传到工作站。 　① 在"RAPID"选项卡中，选择"同步"→"同步到工作站..."。	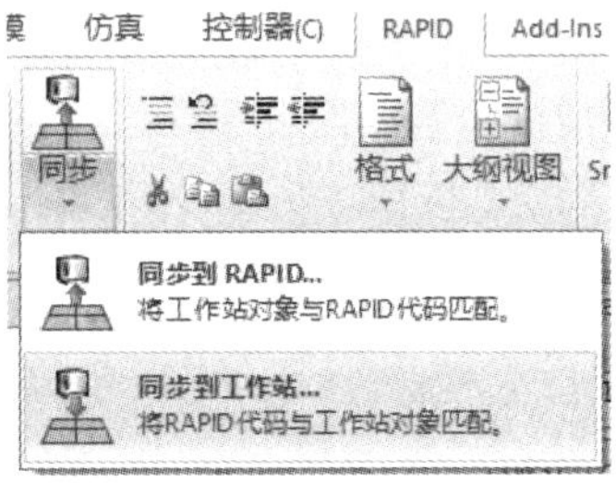

② 在弹出的"同步到工作站"对话框中，将"同步"栏下方的方框全部勾选，然后单击"确定"，即可将程序上传到工作站	

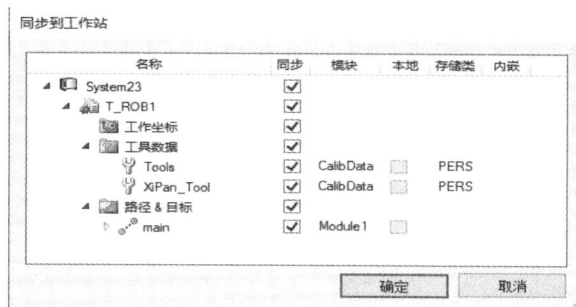

4. 码垛轨迹优化与仿真运行

机器人码垛轨迹优化与仿真运行步骤如下。

操 作 步 骤	示 意 图
(1) 执行仿真。 切换到"仿真"选项卡，单击"播放"按钮，机器人将按照设定的程序开始执行动作	
(2) 仿真效果演示。 码垛程序的最终仿真效果如右图所示	

拓展知识

1. 线传感检测仿真——LineSensor 组件

在本项目中，使用 LineSensor 组件的功能是检查是否有任何对象与两点之间的线段相交，目的是为了让吸盘工具能够在吸盘末端位置检测到工件，并输出检测到的对象 SensedPart。LineSensor 组件的输入/输出如表 3-1 所示，属性如表 3-2 所示。

表 3-1　LineSensor 组件的输入/输出

输入	功　　能	数据类型	输出	功　　能	数据类型
Active	设定为 1 时，激活该传感器	Digital	SensorOut	当某对象与线段相交时变成 1，表示检测到一个物体	Digital

表 3-2　LineSensor 组件的属性

属　　性	功　　能	数据类型
Start	设置传感器线段的起点值	Vector3
End	设置传感器线段的终点值	Vector3
Radius	传感器线段的感应半径，形成一个感应柱体	Double
SensedPart	检测到的对象	Part
SensedPoint	检测到的点是传感器与接近的部件的交点	Vector3

LineSensor 组件的工作原理：在进行该组件的属性连接设计时，先将该组件设置为 Active，当吸盘运动到减速器工件附近位置时，该组件就会给出一个输出 SensorOut 信号，并输出 SensedPart 为当前减速器对象的名称，再把该对象传给 Attacher 组件，最后通过 Attacher 组件吸附减速器对象。

2. 面传感检测仿真——PlaneSensor 组件

在本项目中，为了让减速器对象在输送带的末端自动停止，会在输送带的末端设置一个面传感器 PlaneSensor 组件，该组件的输入/输出如表 3-3 所示，属性如表 3-4 所示。

表 3-3　PlaneSensor 组件的输入/输出

输入	功　　能	数据类型	输出	功　　能	数据类型
Active	设定为 1 时，激活该传感器	Digital	SensorOut	当某对象与平面相交时变成 1，表示检测到一个物体	Digital

表 3-4　PlaneSensor 组件的属性

属性	功　　能	数据类型
Origin	平面的原点	Vector3
Axis1	平面轴 1 方向点	Vector3
Axis2	平面轴 2 方向点	Vector3
SensedPart	监测到的部件名称	Part

PlaneSensor 组件的工作原理：将该组件输入设置为 Active，当减速器工件运动到面传感器位置时，该组件就会给出一个输出 SensorOut 信号，并输出 SensedPart 为当前减速器对象的名称，表示已经检测到了输出的对象，可以进行下一步，即把减速器对象搬走的动作了。

PlaneSensor 组件的创建方法：在创建该组件的过程中，主要是设置组件属性中的 Origin、Axis1 和 Axis2 这三个参数，分别选择组件的起始点(Origin)以及组成该矩形平面的两个其他轴向上的点，这三个点决定了组成的感应面的大小和位置。

需要特别注意的是，这个感应面在创建后要检查一下是否在静止状态下已经与某个对象相交，如果相交，那么需要调整感应面这三个点的属性参数，以使其不与任何物体相交，这样才能在运行过程中可靠检测到运动的对象。

3. 物料拷贝 Soure 组件

在本项目中，为了在输送链上不断产生新的减速器工件，因此使用了 Source(源)组件，该组件的输入/输出如表 3-5 所示，属性如表 3-6 所示。

表 3-5　Source 组件的输入/输出

输入	功　　能	数据类型	输出	功　　能	数据类型
Execute	设定为 high (1)时，去创建一个拷贝	Digital	Executed	当拷贝操作完成后变成 high (1)	Digital

表 3-6　Source 组件的属性

属性	功　　能	数据类型
Source	要复制的图形对象	GraphicComponent
Copy	复制的对象	GraphicComponent
Parent	增加拷贝的位置，如果有同样的父对象为源，则无效	IHasGraphicComponents
Position	拷贝的位置与父对象相对应	Vector3
Orientation	拷贝的方向与父对象相对应	Vector3
Transient	在临时仿真过程中，对已创建的复制对象进行标记。防止内存错误的发生	Boolean
PhysicsBehavior	规定副本的物理行为	Int32

Source 组件的工作原理：设置输入 Execute 为 1 时，即可把属性中 Source 对象进行复制，复制后的对象为 Copy 对象。后续动作只需针对 Copy 对应的对象进行操作即可，这样即解决了创建多个输入对象的问题。

Source 组件的创建方法：组件属性中的 Source 对象，即为需要拷贝的图形对象，如果想把该对象放到某个父对象节点中，则需要选取 Parent 对象。如果勾选了 Transient，则创建的对象被标记为临时的，仿真后即被清除。同时也可以规定拷贝后组件的物理特性，可以选择为"无""静态""运动学"和"动态"。在本项目中，不需要具有相应物理特性，即选择为"无"。

4. 队列仿真 Queue 组件

在本项目中，使用 Queue(队列)组件的输出对象给 LineMover 组件，进而控制线性移动的对象。因此只需要设置和控制队列即可达到控制减速机对象运动的目的。Queue 组件的输入/输出如表 3-7 所示，属性如表 3-8 所示。

表 3-7　Queue 组件的输入/输出

输入	功　　能	数据类型	输出	功　　能	数据类型
Enqueue	入队，添加后面的对象到队列中	Digital	无	无	无
Dequeue	出队，删除队列中前面的对象	Digital			
Clear	清空队列中所有的对象	Digital			
Delete	在工作站和队列中移除 Front 对象	Digital			
DeleteAll	清除队列和删除所有工作站的对象	Digital			

Queue 组件的工作原理：通过控制减速机对象进行入队和出队的时机，我们设置当一个新的工件复制后进行入队，而在工件到达面传感器后进行出队即可。当下个工件复制后再进行入队，依次循环往复。

表 3-8　Queue 组件的属性

属性	功　　能	数据类型
Back	进入队列的对象	GraphicComponent
Front	队列最前面的对象	GraphicComponent
NumberOfObjects	队列中对象的数量	IHasGraphicComponents

　　Queue 组件的创建方法：在 Back 处设置进入队列的对象为 Source 组件输出的复制后的减速机对象，而 Fornt 处即为出队的减速机对象，连接到后面的 LineMover 组件，让其移动。输入的信号 Enqueue 和 Dequeue 分别为控制减速机对象进行入队和出队的时机。当开始仿真时，SimulationEvents 组件的输出 SimulationStarted 为 1，此时将该信号连接至 Clear 进行队列的清空操作，把该信号连接至 Clear 信号即可。

学 习 检 测

一、知识检测

　　1. 使用 For 循环和 MOD、DIV 指令利用 RAPID 语言进行编程，将 8 个工件码垛成为 1 行 2 列 4 层的形状。

　　2. 使用 For 循环和 MOD、DIV 指令利用 RAPID 语言进行编程，将 8 个工件码垛成为 2 行 2 列 2 层的形状，工件间的间隔为 20 mm。

二、技能检测

　　可以按照表 3-9 进行"码垛工作站仿真"相关技能学习检测。

表 3-9　码垛工作站仿真学习检测

任　务	要　求	评分细则	分　值	评　分
工作站的创建	能够正确进行码垛工作站的创建	(1) 理解任务内容 (2) 任务操作正确	10	
吸盘工具 Smart 组件的创建	能正确创建 LineSensor 组件、Attacher 组件、Detacher 组件和 LogicGat 组件；能进行属性配置，以及组件信号的连接	(1) 理解任务内容 (2) 任务操作正确	25	
输送链 Smart 组件的创建	能正确创建 PlaneSensor 组件、Soure 组件、LinearMover 组件和 Queue 组件；能进行属性配置，以及组件信号的连接	(1) 理解任务内容 (2) 任务操作正确	25	
码垛工作站轨迹离线编程和调试	(1) 能正确示教搬运关键目标点 (2) 能熟练编写搬运 RAPID 程序	(1) 理解任务内容 (2) 任务操作正确	30	
码垛工作站仿真运行	能正确设置仿真逻辑和进行仿真操作	(1) 理解任务内容 (2) 任务操作正确	10	

项目四

分拣工作站离线编程与仿真

项目引入

本项目在项目三码垛工作站离线编程仿真的基础上通过随机创建多种不同颜色的工件，并通过程序识别工件颜色，创建 Smart 组件进行分拣码垛。

知识目标

(1) 了解工业机器人分拣的概念和基本工作过程；
(2) 掌握吸盘工具 Smart 组件的创建和参数设定方法；
(3) 掌握物料输送单元 Smart 组件的创建和参数设定方法；
(4) 掌握不同颜色工件的随机生成方法；
(5) 掌握分拣工作站与 Smart 组件的通信配置方法。

能力目标

(1) 能根据工作任务设计分拣流程；
(2) 能根据分拣工艺要求配置模型和轨迹参数；
(3) 能够熟练使用 RAPID 语言进行程序的开发和调试；
(4) 能熟练掌握并使用 Smart 组件进行分拣动画开发。

项目描述

本项目是以 ABB IRB120 工业机器人分拣工作站为项目对象，使用吸盘、输送模块、棋盘格等模块进行不同颜色工件的分拣。学习的内容主要包括分拣工作站的搭建和机器人系统的创建；使用 Smart 组件设计吸盘工具、输送模块工具、工件随机生成组件；配置工作站、编写分拣程序，最终实现不同颜色的工件分拣仿真。

◎ 项目实施

任务 4.1　　分拣工作站的认知

参考项目三任务 3.1 "工作站的创建" 相关内容，并在此基础上新增导入红色、绿色和黄色工件的内容。

操 作 步 骤	示 意 图
(1) 导入机器人、机器人工具、模型。 同项目三任务 3.1 的操作步骤(1)～(6)。 导入后整体效果如右图所示	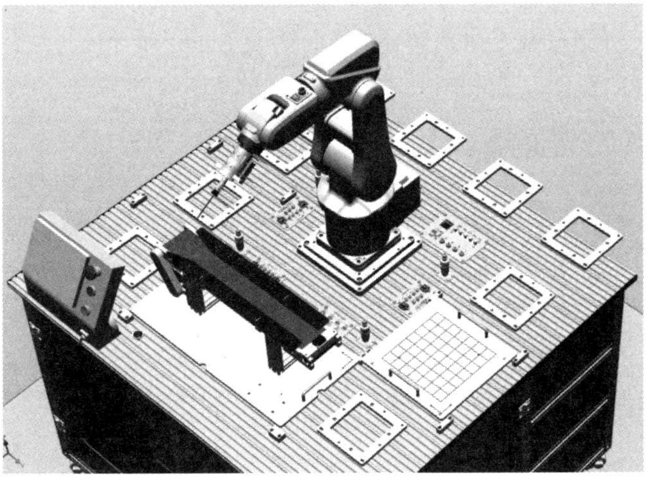
(2) 导入红色工件。 在 "基本" 选项卡中，选择 "导入几何体"→"浏览几何体…"，在弹出的对话框中，选择模型存放的位置，选择 "减速器_红色.stp"；单击 "确定"，即可导入工件，参考任务 3.1 操作步骤(4)内容	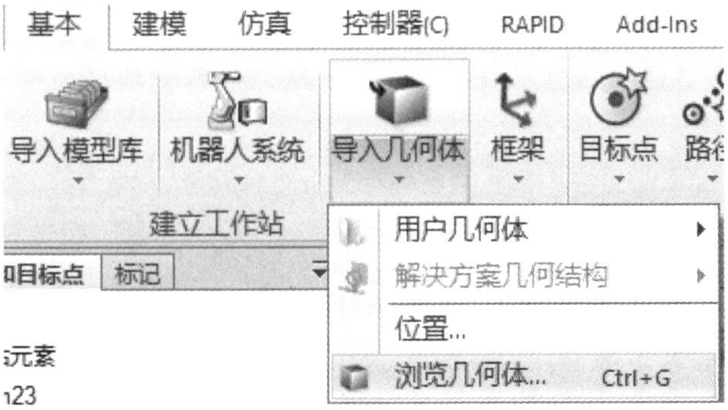

(3) 导入黄色和绿色工件。 重复操作步骤(2)，导入"减速器_黄色.stp"和"减速器_绿色.stp"工件。 工件位置默认在世界坐标系的原点，暂时不需要更改工件位置。工件导入后如右图所示，由于3个工件位置相同，因此只显示了一个导入工件的颜色	
(4) 生成工作站布局图。 将全部模型导入后，工作站布局如右图所示	
(5) 创建机器人系统。 ① 单击"基本"选项卡中的"机器人系统"→"从布局…"，创建机器人系统，操作与任务2.4的操作步骤(1)~(4)相同。	

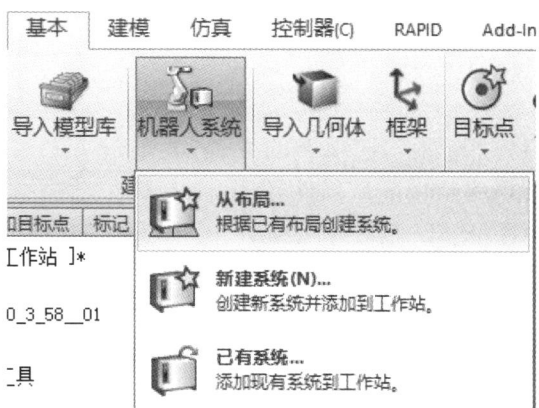

操作步骤	示意图
② 等待软件界面右下角的"控制器状态"变为绿色，即完成机器人系统的创建	\WObj:=wobj0 ▾　控制器状态: 1/1

任务 4.2　分拣动画组件的创建

1. 动态吸盘工具组件的创建

动态吸盘工具组件的创建和吸盘工具的功能测试请参考项目三任务 3.2 相关内容。

2. 动态输送链组件的创建

动态输送链组件的创建在项目三任务 3.2 的"3.动态输送链组件的创建"的基础上进行更改，详细操作步骤如下。

操　作　步　骤	示　意　图
(1) 创建吸盘工具 Smart 组件。 ① 单击"建模"→"Smart 组件"命令。	
② 将"布局"选项卡的"SmartComponent_1"组件名称重命名为"SC_输送"。方法同项目三任务 3.2 中"3.动态吸盘工具的创建"操作步骤(1)	

(2) 添加需要使用的组件。 在"组成"界面中添加 "PlaneSensor""Soure" "LinearMover""Queue" "SimulationEvents""LogicGate [NOT]""Random"和"DataTable" 组件。添加完成后如右图所示	**SC_输送** 组成　设计　属性与连结　信号和连接 **子对象组件**　　　　添加组件 Smart组件 PlaneSensor 监测对象与平面相交 Source 创建一个图形组件的拷贝 LinearMover 移动一个对象到一条线上 Queue 表示为对象的队列，可作为组进行操纵 SimulationEvents 仿真开始和停止时发出的脉冲信号 LogicGate [NOT] 进行数字信号的逻辑运算 Random 生成一个随机数 DataTable 存储一系列对象
(3) 设置"PlaneSensor"组件 的属性。 ① 在"SC_输送"组件编辑 界面中，单击"PlaneSensor"， 切换至"属性：PlaneSensor"编 辑界面。	**SC_输送** 组成　设计　属性与连结　信号和连接 **子对象组件**　　　　添加组件 Smart组件 PlaneSensor 监测对象与平面相交 Source 创建一个图形组件的拷贝 LinearMover 移动一个对象到一条线上 Queue 表示为对象的队列，可作为组进行操纵 SimulationEvents 仿真开始和停止时发出的脉冲信号
② 在"属性：PlaneSensor" 编辑界面中，"Origin(mm)"选 取感应面的起始点位置。 "Axis1(mm)"和"Axis2(mm)" 是目标平面分别沿 X、Y、Z 轴 方向延伸的距离。延伸出的距 离组成的平面即为最终的感应 平面。"SensedPart"则是感应到 的对象。	属性：PlaneSensor **属性** Origin (mm) 0.00　0.00　0.00 Axis1 (mm) 100.00　0.00　0.00 Axis2 (mm) 0.00　100.00　0.00 SensedPart **信号** Active① SensorOut⓪ 应用　关闭

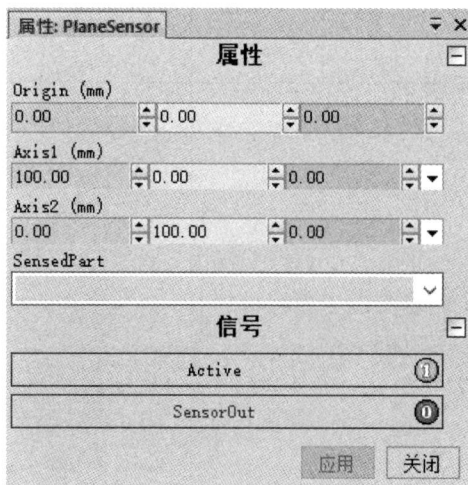

③ 切换至"视图"界面中，在输送链末端位置选择感应平面的第一个点，即右图中小白球的位置。	
④ 在"建模"选项卡中，选择"测量"工具栏中的"点到点"工具。	
⑤ 分别指定起始点和终止点，测量出右图中蓝色目标平面的 X 方向上的距离为 110 mm。	
⑥ 在"属性：PlaneSensor"编辑界面的"Axis1(mm)"栏中分别填入"110.00""0.00""0.00"。	Axis1 (mm) 110.00　0.00　0.00
⑦ 再次使用"点到点"测量工具，测量右图中蓝色目标区域的高度为 5 mm。	

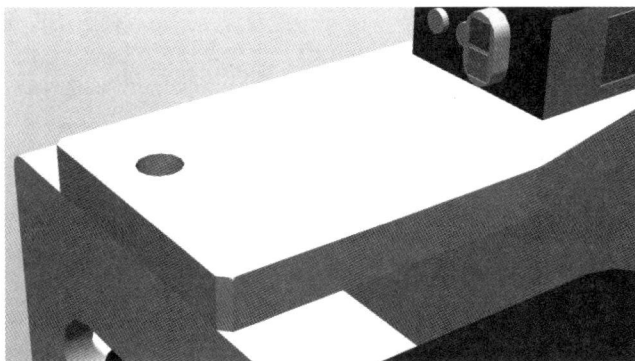

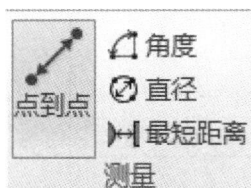

⑧ 在"属性：PlaneSensor"编辑界面的"Axis2(mm)"栏中分别填入"0.00""0.00""-5.00"，设置完成后单击"应用"按钮。

Axis2 (mm)
0.00　0.00　-5.00
SensedPart
减速器_7

信号
Active ⓪
SensorOut ⓪
应用　关闭

⑨ 最后形成的黄色区域即为最终的感应平面，如右图所示

(4) 设置 DataTable 组件的属性。

切换至"属性：DataTable"界面，

单击"Data Type"下拉箭头，在下拉列表中选择"Object"；

单击"Num items"箭头，将其设置为"3"；

单击"Item0"下拉箭头，选择"减速器_红色"；

单击"Item1"下拉箭头，选择"减速器_黄色"；

单击"Item2"下拉箭头，选择"减速器_绿色"；

最后单击"应用"按钮

属性：DataTable
属性
Data Type
Object
NumItems
3
SelectedIndex
0
SelectedItem
减速器_红色
Item0
减速器_红色
Item1
减速器_黄色
Item2
减速器_绿色
应用　关闭

（5）设置 Random 组件的属性。
 	
切换至"属性：Random"界面，设置随机数的最小值"Min"为"−0.50"；设置随机数的最大值"Max"为"2.50"；然后单击"应用"按钮
	属性：Random
	属性
	Value
	`0.00`
	Min
	`−0.50`
	Max
	`2.50`
	信号
	Execute
	应用　关闭

（6）设置 LinearMover 组件的属性。
 	
切换至"属性：Linear Mover"界面，单击"Object"下拉箭头，在下拉列表中选择"Queue（SC_输送）"；在"Direction (mm)"栏的第 2 个输入框输入"1.00"；在"Speed(mm/s)"栏中输入"200.00"；信号"Excute"置为"1"；最后单击"应用"按钮
	属性：LinearMover
	属性
	Object
	`Queue（SC_输送）`
	Direction (mm)
	`0.00` `1.00` `0.00`
	Speed (mm/s)
	`200.00`
	Reference
	`Global`
	信号
	Execute ①
	应用　关闭

（7）设置 Source 组件的属性。
 	
切换至"属性：Source"界面，设置"Position(mm)"参数的值分别为"420""−257.00""1069.20"，然后单击"应用"按钮
	属性：Source
	属性
	Source
	Copy
	Parent
	Position (mm)
	`420.00` `−257.00` `1069.20`
	Orientation (deg)
	`0.00` `0.00` `0.00`
	☐ Transient
	PhysicsBehavior
	`None`
	信号
	Execute
	应用　关闭

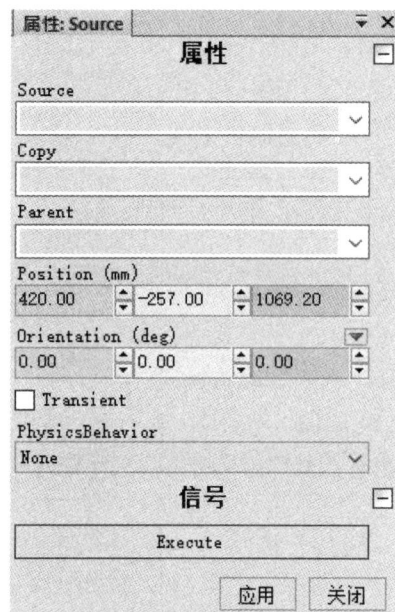

(8) 添加数字信号。 ① 在"SC_输送"编辑界面中选择"信号和连接"选项卡，单击左下角"添加 I/O Signals"添加 I/O 信号。	**SC_输送** 组成　设计　属性与连结　**信号和连接** **I/O 信号** 名称 DiStart DoArrive AoColor 添加I/O Signals　展开子对象信号　编辑　删除
② 在弹出的"添加 I/O Signals"对话框中，将"信号类型"设置为数字输入信号"DigitalInput"；"信号名称"设置为"Distart"。设置完成后单击"确定"。	添加I/O Signals　　　　　? × 信号类型　　　　　信号数量 DigitalInput　　　　□自动复位　　1 信号名称　　　　开始索引　　步骤 Distart　　　　0　　　1 信号值　　　　最小值　　最大值 0　　　　0.00　　0.00 描述 　　　　　□隐藏　　□只读 　　　　　确定　　取消
③ 再次单击"添加 I/O Signals"添加 I/O 信号。 在弹出的"添加 I/O Signals"对话框中，将"信号类型"设置为数字输出信号"DigitalOutput"，"信号名称"设置为"Doarrive"。设置完成后单击"确定"。	添加I/O Signals　　　　　? × 信号类型　　　　　信号数量 DigitalOutput　　　　□自动复位　　1 信号名称　　　　开始索引　　步骤 Doarrive　　　　0　　　1 信号值　　　　最小值　　最大值 0　　　　0.00　　0.00 描述 　　　　　□隐藏　　□只读 　　　　　确定　　取消

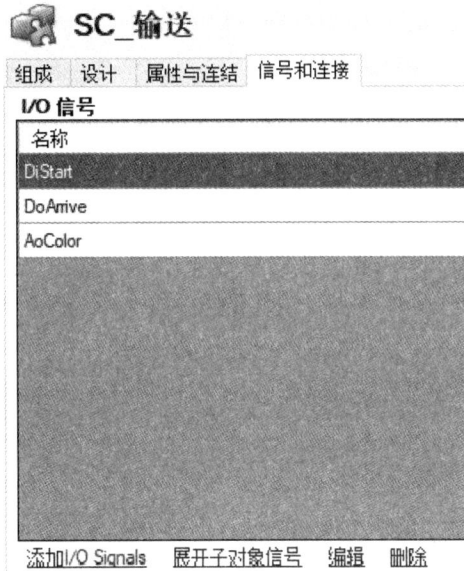

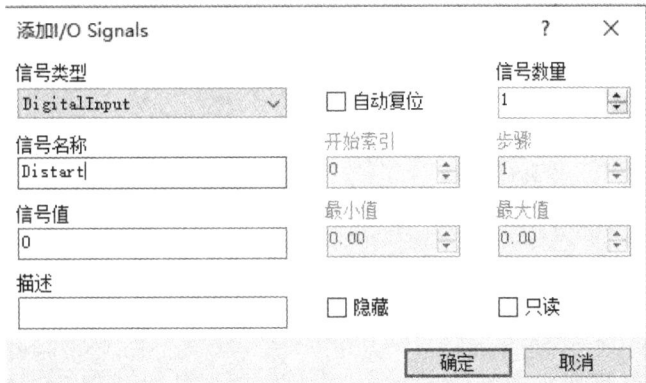

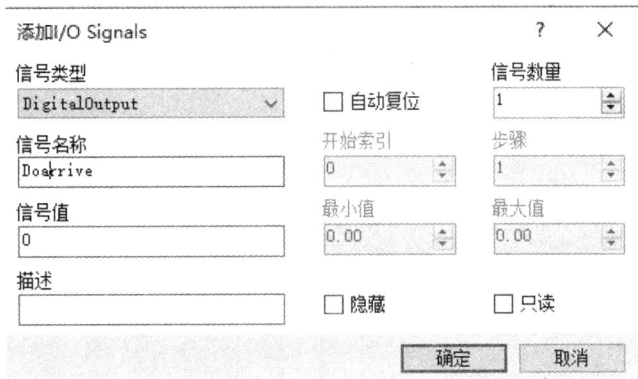

④ 再次单击"添加 I/O Signals"添加 I/O 信号。

在弹出的"添加 I/O Signals"对话框中，将"信号类型"设置为"AnalogOutput"模拟输出信号；在"信号名称"栏输入"AoColor"。设置完成后单击"确定"

(9) 属性和连接设计。

① 在操作步骤(8)的"SC_输送"编辑界面中选择"设计"选项卡，进入设计界面，并按照右图进行信号连接。

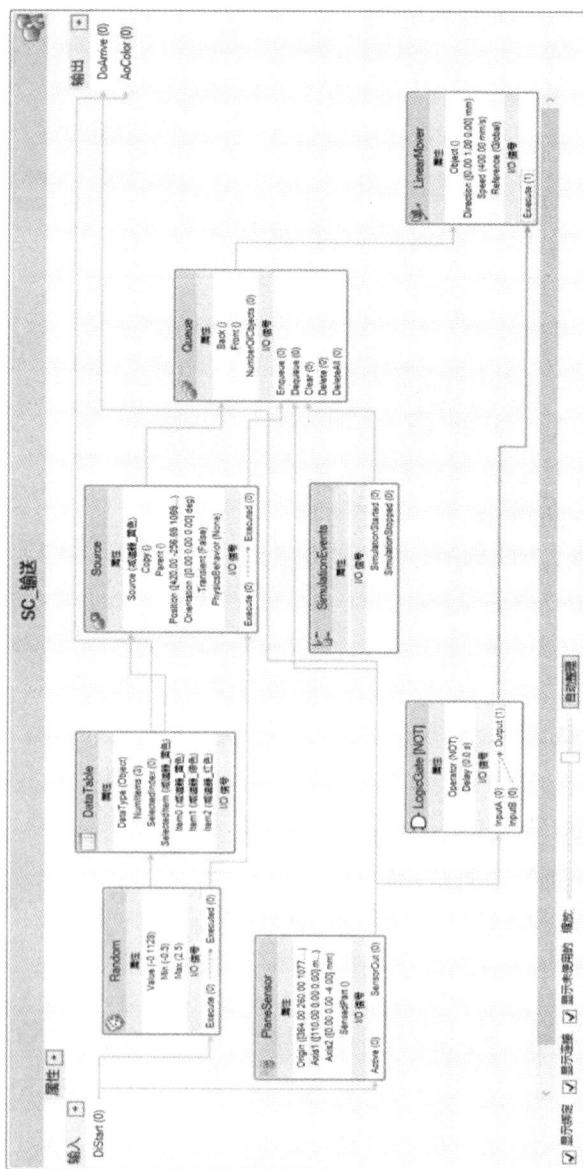

② 连接完成后，在"SC_输送"组件编辑界面的"信号和连接"选项卡中，I/O 连接信息将自动生成，如右图所示。

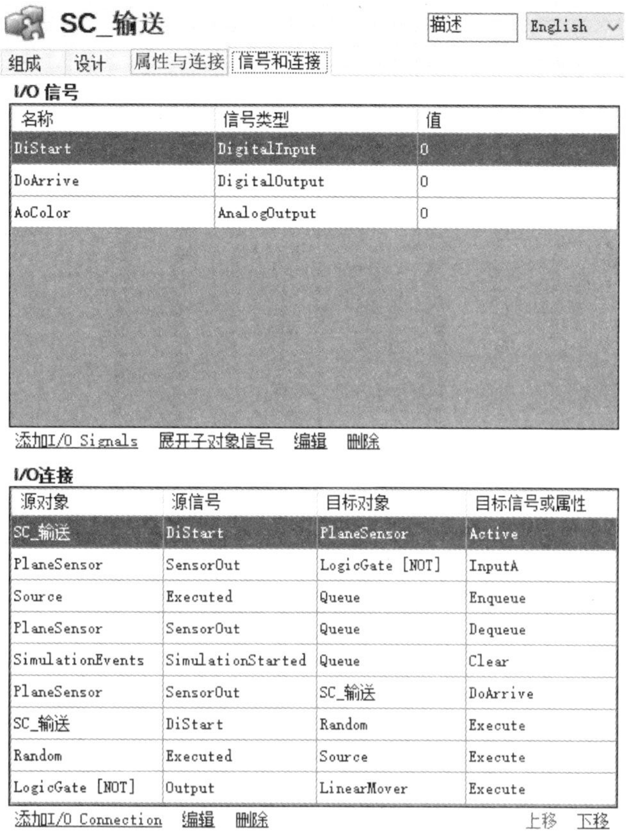

SC_输送　　描述　English ∨

组成　设计　属性与连接　**信号和连接**

I/O 信号

名称	信号类型	值
DiStart	DigitalInput	0
DoArrive	DigitalOutput	0
AoColor	AnalogOutput	0

添加I/O Signals　展开子对象信号　编辑　删除

I/O连接

源对象	源信号	目标对象	目标信号或属性
SC_输送	DiStart	PlaneSensor	Active
PlaneSensor	SensorOut	LogicGate [NOT]	InputA
Source	Executed	Queue	Enqueue
PlaneSensor	SensorOut	Queue	Dequeue
SimulationEvents	SimulationStarted	Queue	Clear
PlaneSensor	SensorOut	SC_输送	DoArrive
SC_输送	DiStart	Random	Execute
Random	Executed	Source	Execute
LogicGate [NOT]	Output	LinearMover	Execute

添加I/O Connection　编辑　删除　　　　上移　下移

③ 在"SC_输送"组件编辑界面的"属性与连接"选项卡中，属性连接信息将自动生成，如右图所示

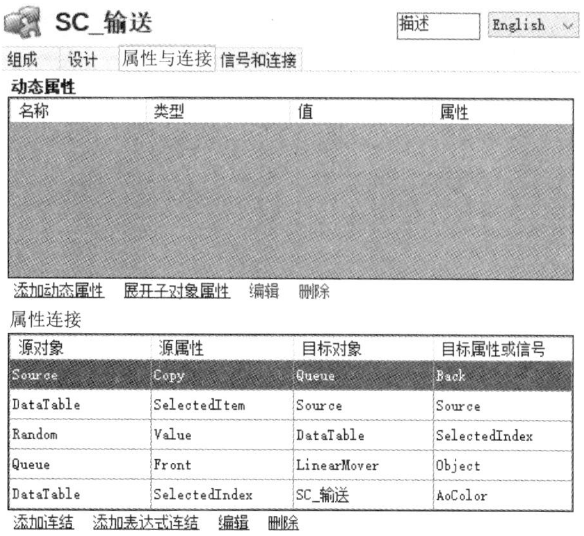

SC_输送　　描述　English ∨

组成　设计　**属性与连接**　信号和连接

动态属性

名称	类型	值	属性

添加动态属性　展开子对象属性　编辑　删除

属性连接

源对象	源属性	目标对象	目标属性或信号
Source	Copy	Queue	Back
DataTable	SelectedItem	Source	Source
Random	Value	DataTable	SelectedIndex
Queue	Front	LinearMover	Object
DataTable	SelectedIndex	SC_输送	AoColor

添加连结　添加表达式连结　编辑　删除

3. 动态输送链组件功能的验证

动态输送链组件功能的验证方法如下。

操 作 步 骤	示 意 图
(1) 创建循环函数用于仿真。 ① 单击"RAPID"选项卡，在左侧选项卡中展开"RAPID"→"Module"→"main"，双击打开 main 函数。在 main 函数中输入如下代码： "WHILE TRUE DO WaitTime 1; ENDWHILE"， 如右图右下方所示。	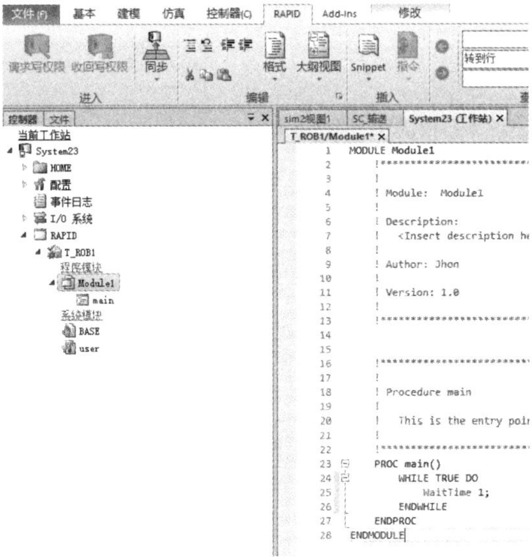
② 在"RAPID"选项卡中单击"同步"下方的箭头，在展开的菜单中单击"同步到工作站…"	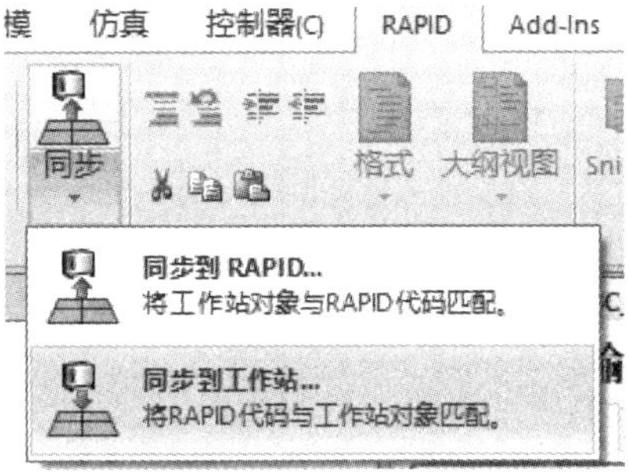
(2) 仿真验证。 ① 在"仿真"选项卡中单击"播放"按钮。	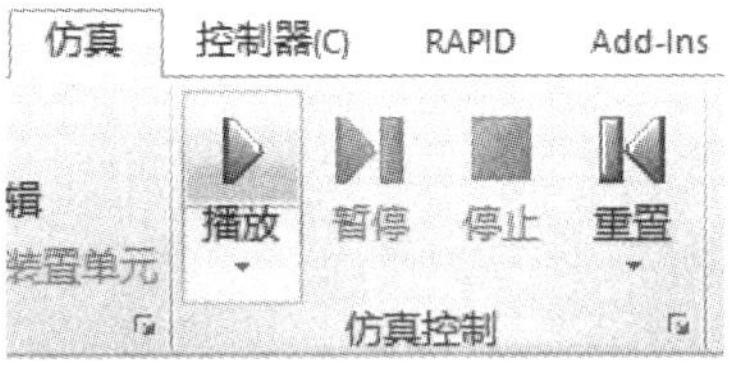
② 在"属性: SC_输送"界面中，将"Distart"置"1"。	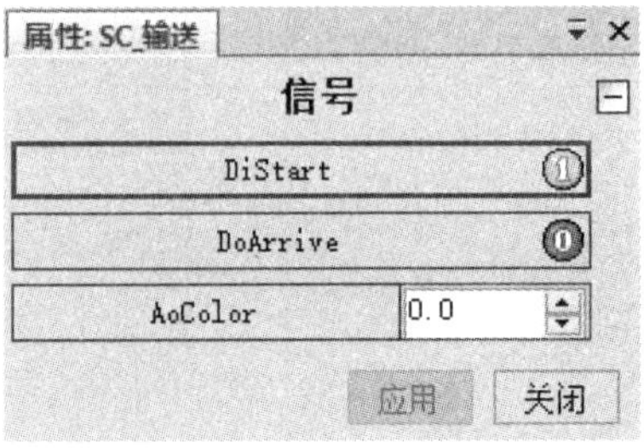

③ 观察输送链上的减速器是否能正常运动。当减速器到达输送带末端后会自动停止，此时"属性：SC_输送"界面中的"DoArrive"信号置"1"	

任务 4.3　分拣离线编程与调试

1. 工作站逻辑配置

分拣工作站逻辑配置的具体操作步骤如下。

操 作 步 骤	示 意 图
(1) 打开 I/O 系统配置。 在"控制器"选项卡中，单击"配置"命令，在弹出的菜单中选择"I/O System"	

(2) 新建信号。 ① 在配置界面的"Signal"行单击右键，然后选择"新建Signal…"。	
② 在弹出的"实例编辑器"编辑界面中分别输入名称和类型，"Name"栏输入"Doxipan"，"Type of Signal"栏选择"Digital Output"。 重复上述操作，创建"DoStart"信号。	
③ 创建新的信号。在"实例编辑器"编辑界面中，"Name"栏中输入"DiInplace"，"Type of Signal"栏选择"Digital Intput"。 重复上述操作，创建"DiArrive"信号。	

④ 创建新的信号。在"实例编辑器"编辑界面中，"Name"栏中输入"AiColor"，"Type of Signal"栏选择"Analog Intput"。	
⑤ 创建好的变量如右图所示	
(3) 重启控制器。 ① 在"控制器"选项卡中单击"重启"下拉菜单中的"重启动(热启动)"命令。只有重启控制器后，上面新建的变量才会生效。	
② 在弹出的"重启动(热启动)"对话框中，单击"确定"，控制器开始重启。等待软件界面右下角的"控制器状态"变为绿色后，说明控制器重启完成	

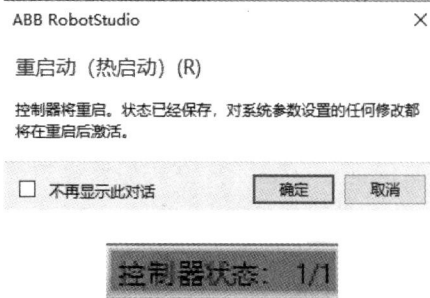

(4) 设计工作站逻辑。 ① 在"仿真"选项卡中，单击"工作站逻辑"命令，进入"工作站逻辑"编辑界面。	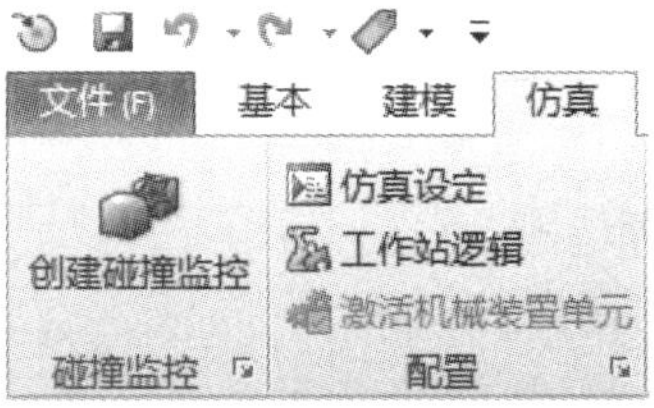
② 在"工作站逻辑"编辑界面选择"设计"选项。	
③ 在"System23"的"I/O信号"右边下拉菜单中，选择刚才创建的 4 个输入/输出信号，分别单击"DiArrive""DiInplace""Doxipan""DoStart"和"AiColor"，即可实现添加。	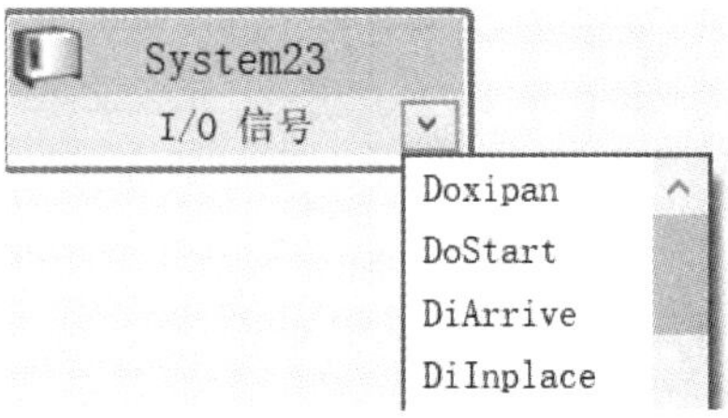
④ 创建完毕后，如右图所示。	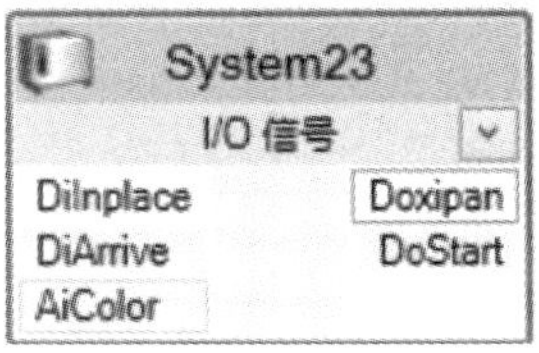
⑤ 按照右图连接各输入/输出变量，即完成工作站逻辑的设计	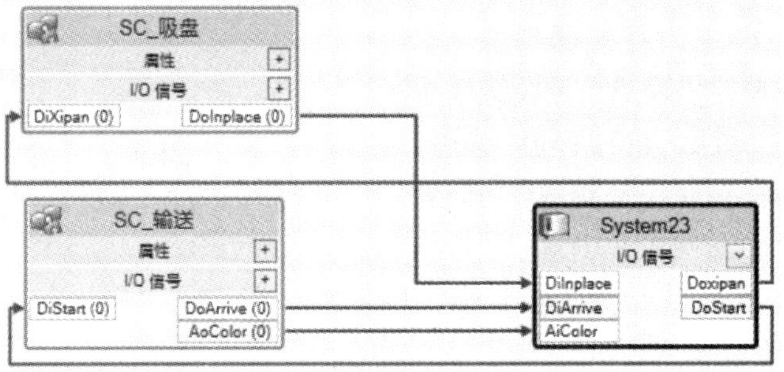

2. 分拣路径的规划

工业机器人分拣路径规划与项目三任务 3.3 中的码垛路径规划中的示教点相同，工业机器人的目标点分别为 pHome 点(机械原点)、pPick 点(吸取点)和 pPut 点(放置点)，其示教步骤可参考项目三任务 3.3 的"2.码垛路径的规划"相关内容，也可以根据需要适当更改 pPut 点的位置，此处不再赘述。

3. 分拣离线程序设计

机器人分拣离线程序编写、修改、上传的具体操作步骤如下。

操 作 步 骤	示 意 图

(1) 打开编辑界面。

① 在“RAPID”选项卡中，双击打开“Module1”模块下的“main”函数，如右图所示。第 26～30 行为“main”程序的主体部分。第 2～4 行为 Module1 程序模块的变量声明部分。

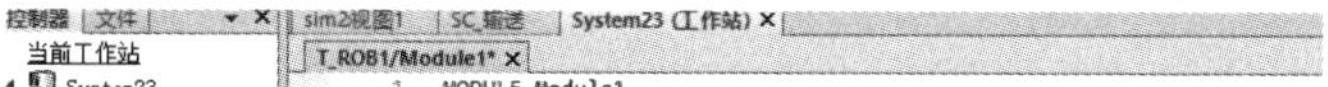


```
1  MODULE Module1
2      CONST jointtarget phome:=[[0,-20,20,0,90,0],[9E+09,9E+09,9E+09,9
3      CONST robtarget pPick:=[[419.999993774,237.709997468,132.195958
4      CONST robtarget pPut:=[[226.556974386,523.527036407,-20.3140267
5      !***********************************************************
6      !
7      ! Module:  Module1
8      !
9      ! Description:
10     !   <Insert description here>
11     !
12     ! Author: Jhon
13     !
14     ! Version: 1.0
15     !
16     !***********************************************************
17
18
19     !***********************************************************
20     !
21     ! Procedure main
22     !
23     !   This is the entry point of your program
24     !
25     !***********************************************************
26     PROC main()
27         MoveAbsJ phome,v1000,z100,XiPan_Tool\WObj:=wobj0;
28         MoveJ pPick,v1000,z100,XiPan_Tool\WObj:=wobj0;
29         MoveJ pPut,v1000,z100,XiPan_Tool\WObj:=wobj0;
30     ENDPROC
31 ENDMODULE
```

② 在第 4 行后面输入 3 个 num 型变量“j”“k”“l”，并将其初值设置为“0”，用于机器人分拣工件时偏移量的计算。代码如右图 5～7 行所示

T_ROB1/Module1 × | 配置 - I/O System

```
1  MODULE Module1
2      CONST jointtarget phome:=[[0,-20,20,0,90,0],[9E+
3      CONST robtarget pPick:=[[419.999993774,237.70999
4      CONST robtarget pPut:=[[75.051002382,375.0509866
5      VAR num j:=0;
6      VAR num k:=0;
7      VAR num l:=0;
```

(2) 修改和完善程序。

主程序部分可按照右图修改和输入程序代码

```
PROC main()
    MoveAbsJ phome,v1000,fine,XiPan_Tool\WObj:=wobj0;
    FOR i FROM 0 TO 15 DO
        Set DoStart;
        MoveJ Offs(pPick,0,0,100),v1000,fine,XiPan_Tool\WObj:=wobj0;   !*
        WaitDI DiArrive,1;                                             !*
        MoveL pPick,v1000,fine,XiPan_Tool\WObj:=wobj0;                 !*
        Set Doxipan;                                                   !*
        WaitDI DiInplace,1;                                            !*
        MoveJ Offs(pPick,0,0,100),v1000,fine,XiPan_Tool\WObj:=wobj0;   !*
        IF AiColor=0 THEN
        reset DoStart;
        MoveJ Offs(pPut,0,0,j*8+100),v1000,fine,XiPan_Tool\WObj:=wobj0;
        MoveJ Offs(pPut,0,0,j*8),v1000,fine,XiPan_Tool\WObj:=wobj0;
        Reset Doxipan;
        WaitDI DiInplace,0;
        MoveJ Offs(pPut,0,0,j*8+100),v1000,fine,XiPan_Tool\WObj:=wobj0;
        j:=j+1;
        elseif AiColor=1 THEN
        reset DoStart;
        MoveJ Offs(pPut,0,70,k*8+100),v1000,fine,XiPan_Tool\WObj:=wobj0;
        MoveJ Offs(pPut,0,70,k*8),v1000,fine,XiPan_Tool\WObj:=wobj0;
        Reset Doxipan;
        WaitDI DiInplace,0;
        MoveJ Offs(pPut,0,70,k*8+100),v1000,fine,XiPan_Tool\WObj:=wobj0;
        k:=k+1;
        ELSEIF AiColor=2 THEN
        reset DoStart;
        MoveJ Offs(pPut,0,140,l*8+100),v1000,fine,XiPan_Tool\WObj:=wobj0;
        MoveJ Offs(pPut,0,140,l*8),v1000,fine,XiPan_Tool\WObj:=wobj0;
        Reset Doxipan;
        WaitDI DiInplace,0;
        MoveJ Offs(pPut,0,140,l*8+100),v1000,fine,XiPan_Tool\WObj:=wobj0;
        l:=l+1;
        ENDIF
    ENDFOR
    MoveAbsJ phome,v1000,fine,XiPan_Tool\WObj:=wobj0;
ENDPROC
ENDMODULE
```

（3）上传程序到工作站。 ① 在"RAPID"选项卡中选择"同步"→"同步到工作站…"。	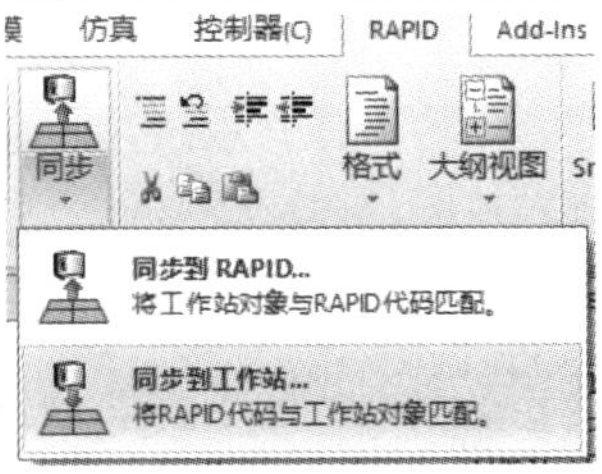
② 在弹出的"同步到工作站"对话框中，将"同步"栏下方的方框全部勾选，然后单击"确定"按钮	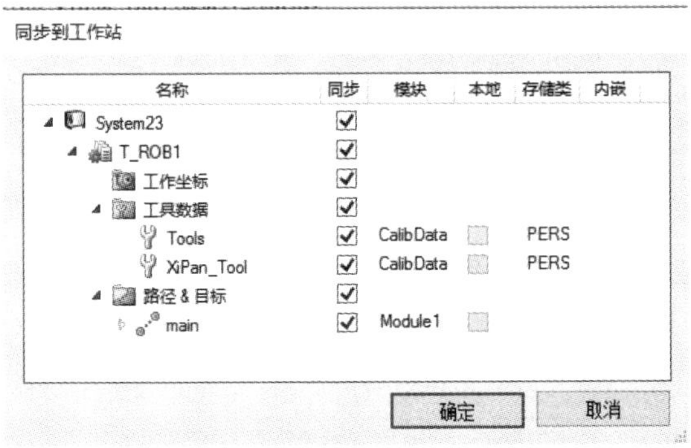

4. 码垛轨迹优化与仿真运行

机器人码垛轨迹优化与仿真运行的具体操作方法如下。

操 作 步 骤	示 意 图
（1）执行仿真。 切换到"仿真"选项卡，单击"播放"按钮，机器人将按照设定的程序开始执行动作	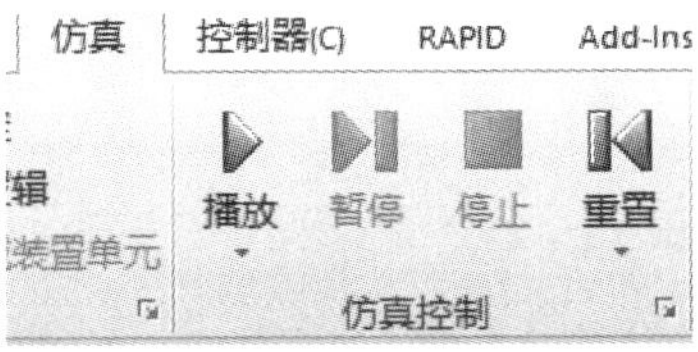
（2）仿真效果演示。 右图是仿真运行，随机生成工件并分拣后的结果	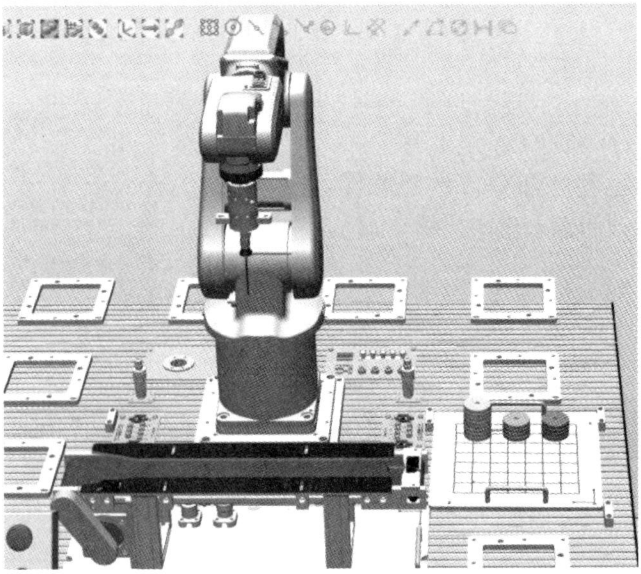

拓展知识

1. 随机数生成和列表仿真——Random 和 DataTable 组件

在本项目中，使用 Random(随机数) 组件生成一个 0～3 之间的随机数，并使用这个随机数来生成一个红、黄、绿三色中的某个颜色的减速器工件。这样随机数与某种颜色的工件就有了对应关系，这种对应关系可通过查表的方法获得，而 DataTable(数据表) 组件就提供了这样的查表功能。其输入/输出和属性如表 4-1 至表 4-4 所示。

DataTable 组件的工作原理：首先设置 Random(随机数)组件的属性生成一个随机数，这里设置随机数生成的范围是 −0.5～2.5，Min 为生成随机数的最小值，Max 为生成随机数的最大值。这样随机数的生成范围设置为−0.5～2.5，那么实际对应 0、1 和 2 这 3 个数的概率是相等的。然后再设置 DataTable(数据表) 的属性值，其中 DataType 为项数据的类型，这里设置 Object 为实际对象。NumItems 为后面列表中对象的数量，Item0、Item1、Item2 为实际待选择的列表中的对象，SelectedIndex 为传入的数据四舍五入后的数字值，而 SelectedItem 就是被选中的对象，即实际生成的对象。

表 4-1　Random 组件的输入/输出

输入	功　　能	数据类型
Execute	设定为 high (1)去生成一个新的随机数	Digital
输出	功　　能	数据类型
Executed	当操作完成就变成 high (1)	Digital

表 4-2　DataTable 组件的输入/输出

输入	功能	数据类型	输出	功能	数据类型
无	无	无	无	无	无

表 4-3　Random 组件的属性

属性	功　　能	数据类型
Value	在 Min 和 Max 之间的任意数	Double
Min	最小值	Double
Max	最大值	Double

表 4-4　DataTable 组件的属性

属性	功　　能	数据类型
DataType	项数据类型，支持数字、文本、颜色和对象	String
NumItems	列表中各项的数量	Int32
SelectedIndex	列表中当前选中项索引	Int32
SelectedItem	当前选中项的数值	ProjectObject
Item0	0 对象	ProjectObject

2. 随机数生成和列表仿真——LogicSR Latch 组件

本项目中使用的 LogicSR Latch(锁存器) 组件与电路中的 SR 锁存器功能相同，用于对信号的锁存功能，使脉冲信号能够被锁存输出。其输入/输出和属性如表 4-5 和表 4-6 所示。

LogicSR Latch(锁存器)组件的工作原理：当输入 Set 设置为 1 时，输出 Output 为 1，InvOutput 为 0；当输入 Set 复位为 0 时，输出保持不变。当输入 Reset 为 1 时，输出 Output 为 0，InvOutput 为 1；当输入 Reset 变为 0 时，输出保持不变。

LogicSR Latch(锁存器)组件的创建方法：将置位逻辑功能的脉冲信号连接至 set 输入信号，将复位逻辑功能的脉冲信号连接至 Reset 输入信号上即可。

表 4-5　LogicSR Latch 组件的输入/输出

输入	功能	数据类型	输出	功能	数据类型
Set	设置	Digital	Output	输出	Digital
Reset	重置	Digital	InvOutput	输出置反	Digital

表 4-6　LogicSR Latch 组件的属性

属性	功　能	数据类型
无	无	无

3. 直线运动仿真——LinearMover 组件

LinearMover 组件中各项目释义如下。

组件名称	项目	解　释
LineMover(直线运动) 属性: LinearMover 属性 Object 减速器_黄色_51 Direction (mm) 0.00 1.00 0.00 Speed (mm/s) 200.00 Reference Global 信号 Execute 应用　关闭	功能	检查是否有任何对象与两点之间的线段相交
	属性	Object (IHasTransform)：移动的对象 Direction (Vector3)：对象移动方向 Speed (Double)：速度 Reference (String)：指定的坐标系
	输入	Execute(Digital)：设定为 high(1)时，开始移动对象
	输出	无

在本项目中，使用 LineMover(直线运动)组件使对象沿着某个反方向并以一定的速度进行移动。其输入/输出和属性如表 4-7 和表 4-8 所示。

LineMover(直线运动) 组件的工作原理：当输入 Execute 信号为 high 时，对象 Object 按照 Direction 指定的方向和 Speed 指定的速度进行线性移动。

　　LineMover(直线运动) 组件的创建方法：在属性栏 Object 中添加移动的对象，这里设置的是经过 Source 组件复制后的减速机对象，然后设置移动的方向点，这里设置 Y 方向为1，向 Y 轴方向运动，设置速度为 400 mm/s，参考坐标系选择大地坐标。当输入 Execute 为 high (1)时，减速机对象按照上面的参数进行运动。

表 4-7　LineMover 组件的输入/输出

输入	功能	数据类型	输出	功能	数据类型
Execute	设定为 high (1)时，开始移动对象	Digital	无	无	无

表 4-8　LineMover 组件的属性

属性	功　　能	数据类型
Object	移动的对象	IHasTransform
Direction	对象的移动方向	Vector3
Speed	速度	Double
Reference	指定的坐标系	String

学 习 检 测

一、知识检测

　　1. 使用 LinearMover 组件进行设置时，如果要创建一个在垂直于 X 轴的平面上，沿 X 轴逆时针旋转 20°的线性移动方向，此时 Diection 参数应该如何填写？

　　2. 如何保证数据表通过随机数生成的对象的概率是均等的？

　　3. 任务仿真中的 RAPID 程序进行改变后，需要什么操作才能在仿真中生效？

二、技能检测

　　可以按照表 4-9 进行"分拣工作站仿真"相关技能学习检测。

表 4-9　分拣工作站仿真学习检测

任务	要求	评分细则	分值	评分
工作站的创建	能够正确进行码垛工作站的创建	(1) 理解任务内容 (2) 任务操作正确	10	
吸盘工具 Smart 组件的创建	能正确创建 LineSensor 组件、Attacher 组件、Detacher 组件和 LogicGat 组件；能进行属性配置，以及组件信号的连接	(1) 理解任务内容 (2) 任务操作正确	25	

续表

任务	要求	评分细则	分值	评分
输送链 Smart 组件的创建	能正确创建 Random 组件、DataTab 组件、PlaneSensor 组件、Soure 组件、LinearMover 组件和 Queue 组件；能进行属性配置，以及组件信号的连接	(1) 理解任务内容 (2) 任务操作正确	25	
码垛工作站轨迹离线编程调试	(1) 能正确示教搬运关键目标点 (2) 能熟练编写搬运 RAPID 程序	(1) 理解任务内容 (2) 任务操作正确	30	
码垛工作站仿真运行	能正确设置仿真逻辑和进行仿真操作	(1) 理解任务内容 (2) 任务操作正确	10	

项目五

装配工作站离线编程与仿真

项目引入

本项目的主要任务是先将仓库中的电机外壳搬运至变位机上的装配模块(出库)，再将物料模块中的电机转子、端盖依次装配至电机外壳中，最后在变位机模块上实现电机的完整装配。电机装配完成后，电机成品入库，入库完成后将平口手爪放回至快换模块。主要内容包括制作变位机旋转机械装置、气缸装配模块机械装置，利用 Smart 组件实现电机的装配功能，编写 RAPID 程序，实现电机的虚拟仿真装配。

知识目标

(1) 了解快换装置的工作原理；
(2) 掌握装配 Smart 组件的设计原理；
(3) 掌握 RAPID 程序的编写，基本运动指令的应用。

能力目标

(1) 掌握变位机旋转机械装置的创建过程；
(2) 掌握 Smart 组件的创建方法；
(3) 掌握装配程序的编写；
(4) 掌握装配工作站的仿真运行方法。

项目描述

装配工作站的任务是完成一整套电机的装配，其布局如图 5-1 所示。装配工作站主要由快换模块、仓库模块、物料模块及变位机模块组成。

主要流程：① 机器人到达快换模块，取平口手爪工具；② 机器人到达仓库模块，取电机外壳并将其放置于变位机上，完成电机外壳的出库任务；③ 电机外壳出库成功后，机器人到达物料模块，分别取电机转子和端盖，并在变位机模块上完成电机转子和端盖的装配；④ 装配成功后，电机成品入库，平口手爪工具放回快换模块，机器人返回原点。

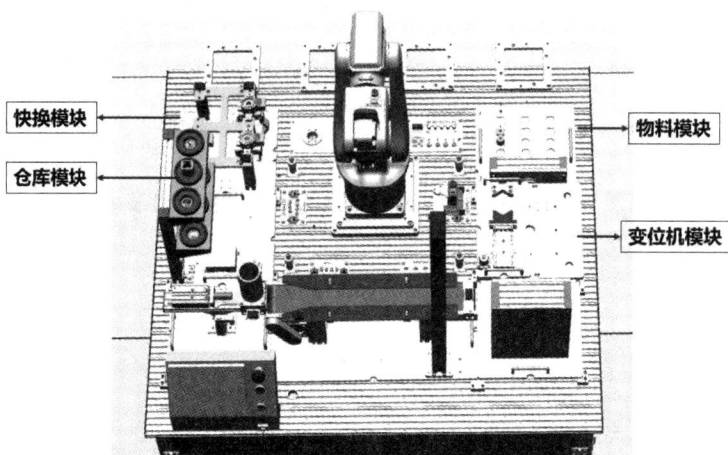

图 5-1　装配工作站的布局

项目实施

任务 5.1　变位机和气缸机械装置的创建

1. 变位机机械装置的创建

装配过程中，变位机可以实现−20°～+20°的倾斜装配，要实现偏转，需要变位机的旋转面板和两边的旋转键配合旋转轴进行转动，这需要创建机械装置来实现。具体实现步骤如下。

操 作 步 骤	示　意　图
(1) 创建工作站。 　单击"文件"→"新建"→"空工作站"菜单命令，并单击"创建"按钮，完成工作站的创建	

(2) 导入几何体。 ① 依次单击"基本"→"导入几何体"→"浏览几何体…"。	
② 在"浏览几何体…"显示界面，选择"变位机模块.stp"，然后单击"打开"，完成"变位机模块"的导入	
(3) 复制组件。 选择导入的"变位机模块"，右键复制粘贴，并修改名称为"变位机旋转"，保留旋转面板及旋转连接件，删除其他的组件	

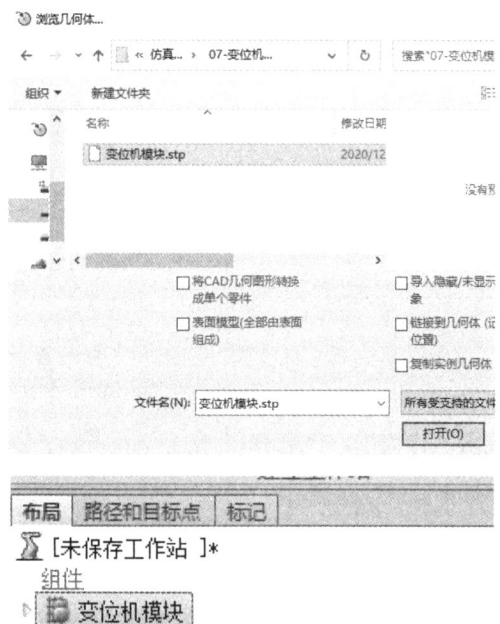

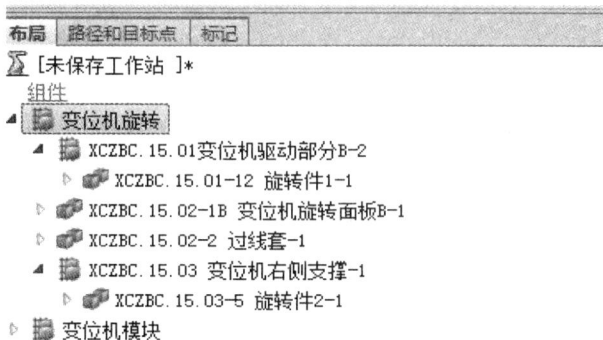

(4) 修改模块。 修改"变位机模块"组件，删除"变位机旋转"模块部分的组件，保留变位机固定模块	LS-D8-H32-M5-L100 不锈钢拉手-1 LS-D8-H32-M5-L100 不锈钢拉手-2 XCZBC.03-9A 定位销-1 XCZBC.03-9A 定位销-2 XCZBC.15-1B 变位机模块基础定位板（航插）-1 XCZBC.15.01变位机驱动部分B-2 XCZBC.15.03 变位机右侧支撑-1 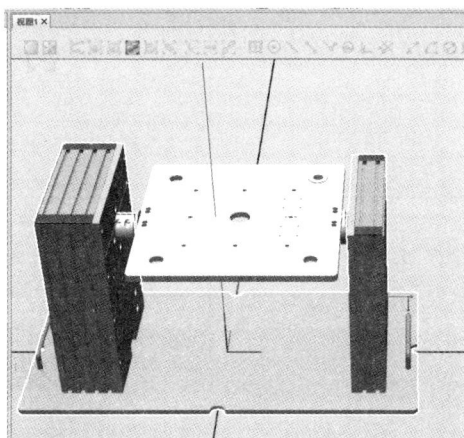
(5) 创建机械装置。 ① 单击"建模"→"创建机械装置"。	
② 在"创建机械装置"界面，修改"机械装置模型名称"为"变位机模块"，"机械装置类型"选择为"设备"	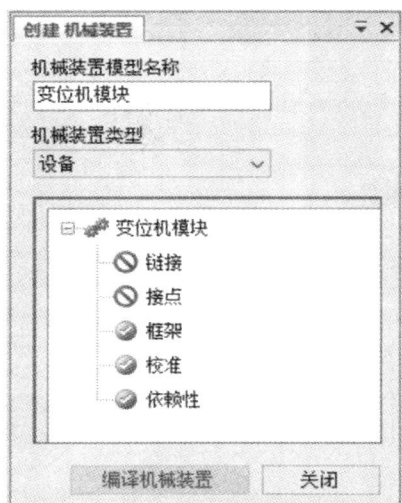

(6) 设置机械装置的链接。 双击"链接"，在"创建链接"界面，"链接名称"默认为"L1"，"所选组件"设置为"变位机模块"，勾选"设置为 BaseLink"，单击添加符号▸，单击"确定"，完成 L1 的设置	创建 链接 链接名称 L1 所选组件：变位机模块 已添加的主页 变位机模块 ☑ 设置为 BaseLink 移除组件 所选组件 部件位置 (mm) 0.00 0.00 0.00 部件朝向 (deg) 0.00 0.00 0.00 应用到组件 确定 取消 应用
(7) 设置旋转机械装置。 双击"链接"，在"创建链接"界面设置"链接名称"为"L2"，"所选组件"设置为"变位机旋转"，单击添加符号▸，单击"确定"，完成 L2 设置	创建 链接 链接名称 L2 所选组件：变位机旋转 已添加的主页 变位机旋转 ☐ 设置为 BaseLink 移除组件 所选组件 部件位置 (mm) 0.00 0.00 0.00 部件朝向 (deg) 0.00 0.00 0.00 应用到组件 确定 取消 应用
(8) 链接设置成功。 链接设置成功显示	创建 机械装置 机械装置模型名称 变位机模块 机械装置类型 设备 变位机模块 链接 L1 (BaseLink) 变位机模块 L2 变位机旋转 接点 框架 校准 依赖性

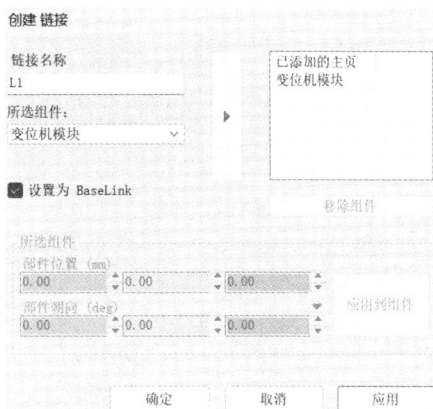

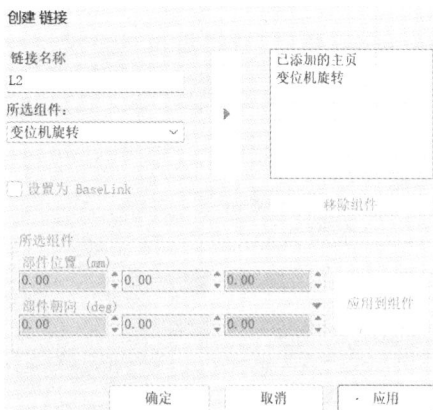

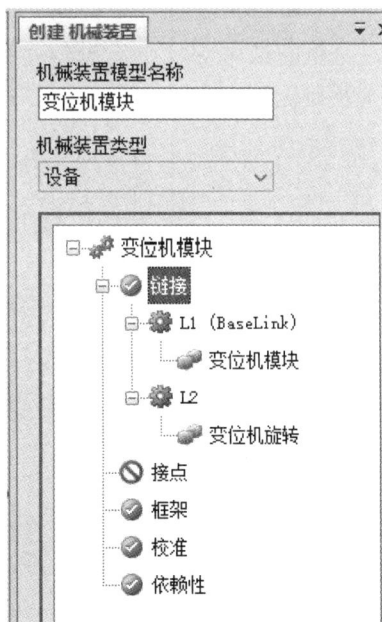

(9) 设置"接点"。 双击"接点"，在"创建接点"对话框中，"关节名称"默认为"J1"，"关节类型"选择"旋转的"，修改关节轴对应的位置，即为捕捉对应轴心	
(10) 设置第一个位置点。 选择捕捉设置为"选择组" ![图标]和"捕捉中心"![图标]，光标移动至第一个位置处(旋转轴中心点)，单击鼠标左键确认捕捉到第一个位置。为了方便观察，这里隐藏"变位机面板"，捕捉确定第一个位置点	
(11) 设置第二个位置点。 采用同样的方式捕捉到另一个旋转件的中心，即为第二个位置	

(12) 设置变位机旋转角度。 在"创建接点"显示界面设置"关节限值"。这里限值代表的是变位机的旋转角度，将"最小限值(deg)"设置为"-20"，"最大限值(deg)"设置为"20"，设置完成后，单击"应用"，然后单击"确定"即完成角度的设置	操纵轴 -20.00　0.00　20.00 限制类型 常量 关节限值 最小限值（deg）　最大限值（deg） -20　20 确定　取消　应用
(13) 编译机械装置。 参数设置完成后，在"创建机械装置"界面单击"编译机械装置"按钮，编译完成后即可得到变位机初始姿态	创建 机械装置 机械装置模型名称 变位机模块 机械装置类型 设备 变位机模块 链接 L1 (BaseLink) 变位机模块 L2 变位机旋转 接点 J1 L1（父链接） 关节映射 1 2 3 4 5 6　设置 姿态 姿态名称　姿态值 同步位置　[0.00] 添加　编辑　删除 设置转换时间 编译机械装置　关闭
(14) 添加姿态 -20。 在上一步的"创建机械装置"界面，"姿态"下方单击"添加"。进入"创建姿态"界面，将"姿态名称"设置为"-20"，滑动"关节值"为"-20"，单击"应用"，然后再单击"确定"	创建 姿态 姿态名称： -20　□原点姿态 关节值 -20　20.00 < > 确定　取消　应用

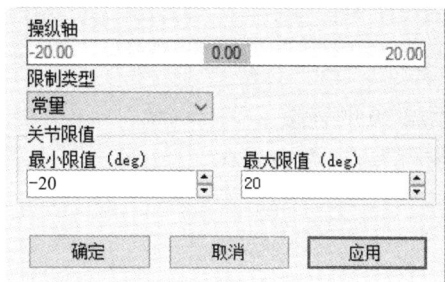

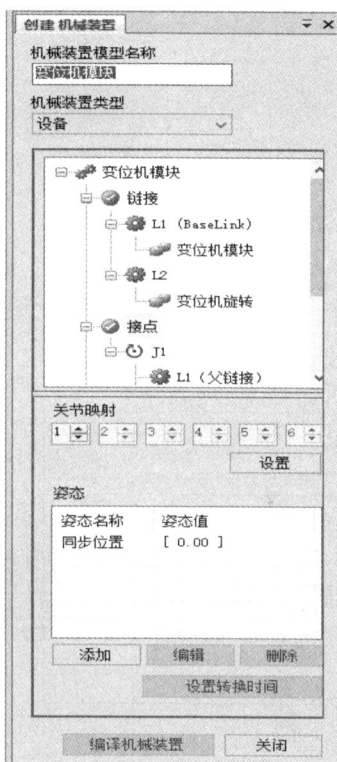

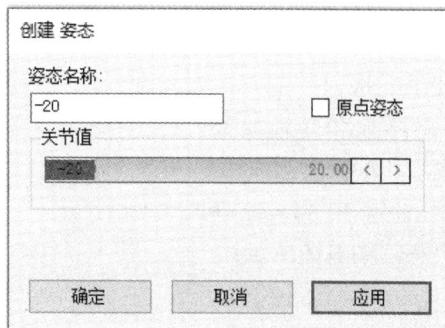

(15) 添加 20 的姿态。 采用同样的方式添加"20"的姿态	创建 姿态 姿态名称: 20　　　　　　　□ 原点姿态 关节值 -20.00　　　　　20.00 < > 确定　　取消　　应用
(16) 设置转换时间。 ① "姿态"设置完成后，单击下方的"设置转换时间"。	姿态 姿态名称　姿态值 同步位置　[0.00] 添加　编辑　删除 设置转换时间 编译机械装置　关闭
② 在"设置转换时间"界面，设置各个姿态转换的时间为 2 s	设置转换时间 转换时间（s） 到达姿态:　起始姿态: 　同步位置　-20　20 同步位置　　　2.000　2.000 -20　2.000　　　2 20　2.000　2.000 确定　取消
(17) 设置完成。 ① 姿态添加和转换时间设置完成后，选择对应的"姿态"，即可看到 20 和 -20 变位机的状态，如右图所示。	姿态 姿态名称　姿态值 同步位置　[0.00] 原点位置　[0.00] -20　[-20.00] 20　[20.00] 添加　编辑　删除 设置转换时间

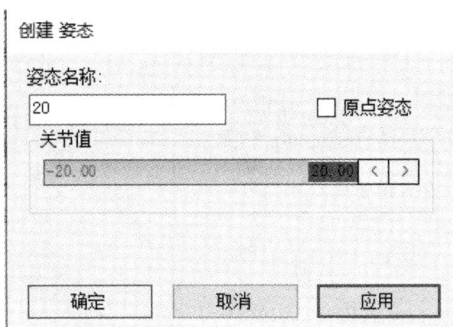

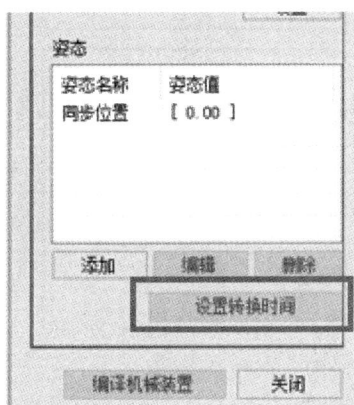

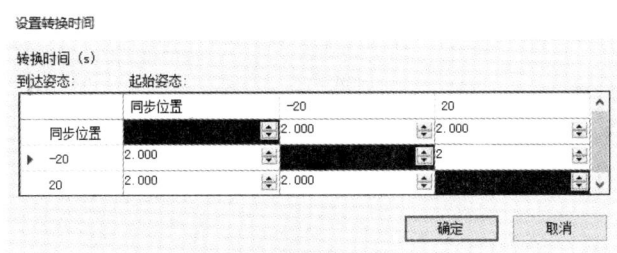

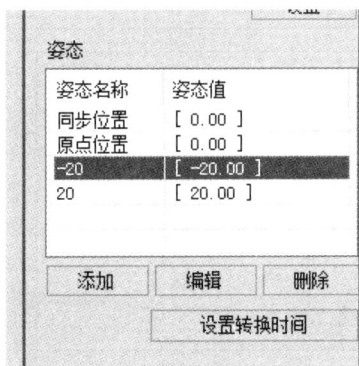

② 显示出的最终效果如右图所示	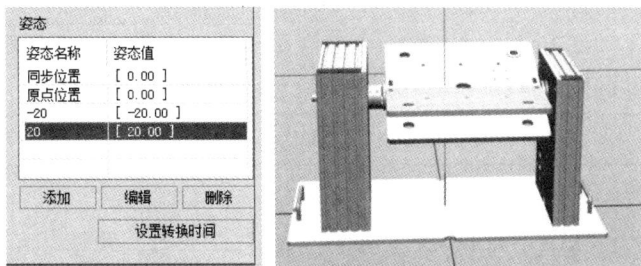
(18) 回到机械原点。 在"布局"选项卡下，右键单击"变位机模块"，在弹出的菜单中选择"回到机械原点"，则变位机回到水平状态	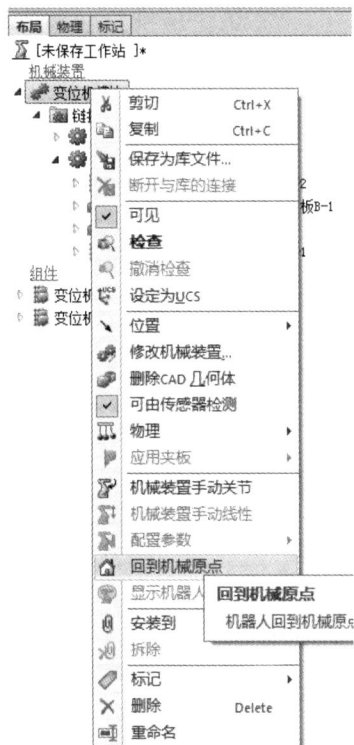
(19) 保存为库文件。 设置完成后，右键单击"变位机模块"，在弹出的菜单中选择"保存为库文件…"。保存成功后，该库文件即可应用	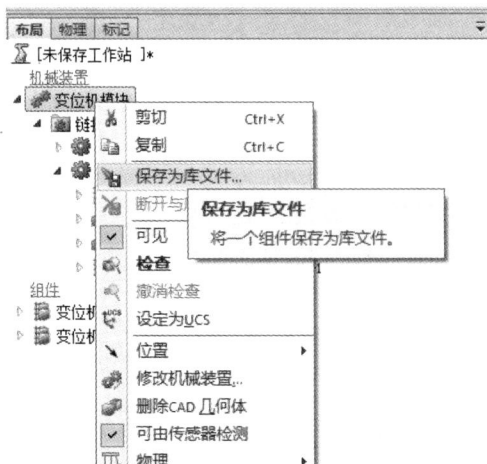

2. 气缸机械装置的创建

气缸主要用于电机外壳的固定，通过直线运动的气缸伸缩杆实现工件的固定与松开，气缸机械装置创建的具体步骤如下。

操　作　步　骤	示　意　图
(1) 导入几何体。 ① 依次单击"基本"→"导入几何体"→"浏览几何体…"。	
② 在"浏览几何体…"显示界面，选择对应的"装配模块.stp"文件，单击"打开"，完成几何体的导入	
(2) 复制模块。 选择导入的"装配模块"，将其复制和粘贴，并修改名称为"推杆模块"，最后仅保留推杆模块，删除多余的组件	
(3) 修改模块名称。 修改另一个模块的名称为"装配固定模块"，保留固定模块组件，删除推杆模块的组件	

(4) 创建"装配模块"机械装置。 单击"建模"→"创建机械装置",在"创建机械装置"界面,修改"机械装置模型名称"为"装配模块","机械装置类型"选择"设备",创建方法同"变位机模块"机械装置的创建方法	创建 机械装置 机械装置模型名称 装配模块 机械装置类型 设备 □ 装配模块 　○ 链接 　○ 接点 　✓ 框架 　✓ 校准 　✓ 依赖性
(5) 设置机械装置的"链接"。 在"创建机械装置"界面,双击"链接"进入"创建链接"界面,"链接名称"默认为"L1","所选组件"设置为"装配固定模块",勾选"设置为BaseLink",单击添加符号 ▶,再单击"确定",完成 L1 的设置	创建 链接 链接名称 L1 所选组件: 装配固定模块 装配固定模块 ☑ 设置为 BaseLink 已添加的主页 装配固定模块 移除组件 所选组件 部件位置(mm) 0.00　0.00　0.00 部件朝向(deg) 0.00　0.00　0.00　应用到组件 确定　取消　应用
(6) 设置 L2。 采用同样的方法设置 L2。在"创建机械装置"界面,双击"链接"进入"创建链接"界面,"链接名称"设置为"L2","所选组件"设置为"推杆模块",单击添加符号 ▶,再单击"确定",完成 L2 的设置	创建 链接 链接名称 L2 所选组件: 推杆模块 已添加的主页 推杆模块 □ 设置为 BaseLink 移除组件

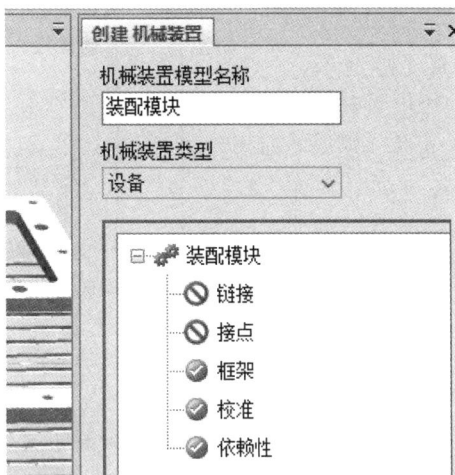

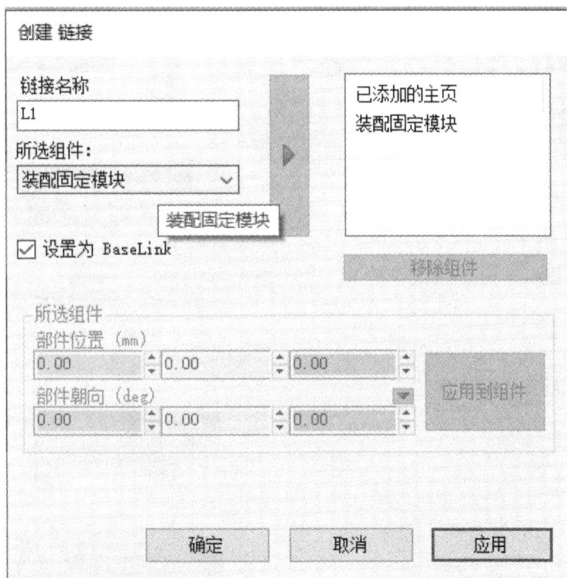

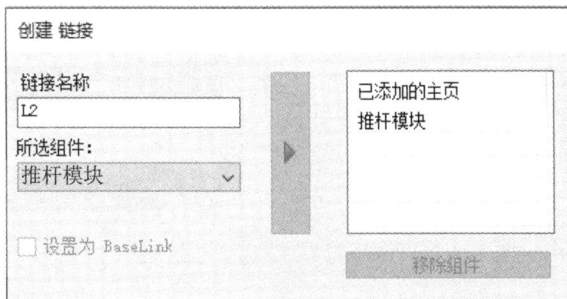

(7) 设置"接点"。

在"创建机械装置"界面，双击"接点"，进入"创建接点"界面，"关节名称"默认为"J1"，"关节类型"选择为"往复的"

創建 接点

关节名称
J1

父链接
L1 (BaseLink)

关节类型
○ 旋转的
◉ 往复的
○ 四杆

子链接
L2

☑ 启动

---

(8) 设置关节轴第一个位置。

在"创建接点"界面，先将光标移动至第一个位置处，选择捕捉为"选择部件"、"捕捉末端"。为了方便观察，这里将关节轴第一个位置设置为装配模块表面的第一个点，捕捉确定，完成第一个位置的设置

---

(9) 设置关节轴第二个位置。

采用同样的方法捕捉设置第二个位置(这里关节轴第二个点设置为装配模块表面另一端对应的端点)

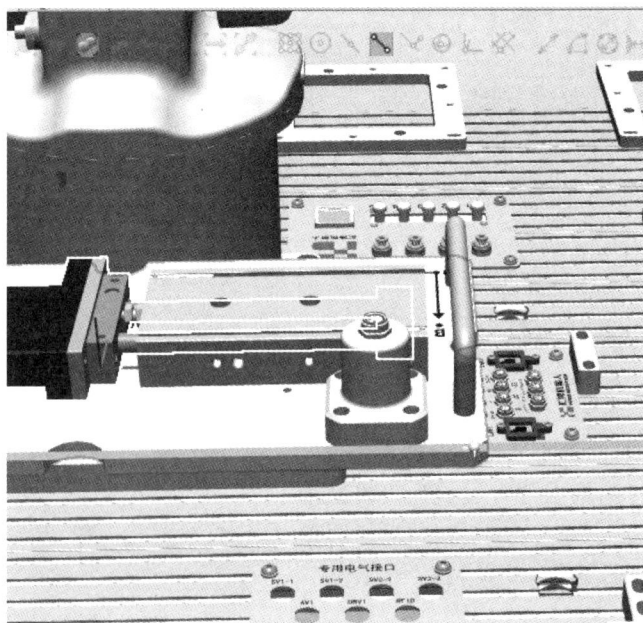

(10) 设置关节限值。 在"创建接点"显示界面设置"关节限值"。这里限值代表的是气缸的伸缩距离,将"最小限值(mm)"设置为"-50.00",将"最大限值(mm)"设置为"0.00"。设置完成后,单击"应用",再单击"确定"即完成设置	创建 接点 关节名称　　　　父链接 J1　　　　　　　L1 (BaseLink) 关节类型　　　　子链接 ○ 旋转的　　　　L2 ◉ 往复的　　　　☑ 启动 ○ 四杆 关节轴 第一个位置 (mm) 519.79˝　-113.63˝　1176.62˝ 第二个位置 (mm) 525.87˝　176.28˝　1180.55˝ Axis Direction (mm) 6.08˝　289.91˝　3.94˝ 操纵轴 -50.00　　　　　　　0.00 限制类型 常量 关节限值 最小限值 (mm)　　最大限值 (mm) -50.00　　　　　　0.00 确定　　取消　　应用
(11) 编译机械位置。 在"创建机械装置"界面,单击"编译机械位置"并添加同步位置	姿态 姿态名称　　　姿态值 同步位置　　　[0.00] 张开　　　　　[0.00] 闭合　　　　　[-50.00] 添加　　编辑　　删除 设置转换时间 编译机械装置　　关闭
(12) 添加姿态。 ① 添加张开对应姿态。在"姿态"下方,单击"添加",进入"创建姿态"界面,将"姿态名称"设置为"张开",滑动"关节值"为"0.00",然后单击"确定"。	创建 姿态 姿态名称: 张开　　　　　　　☐ 原点姿态 关节值 -50.00　　　　　　0.00　< > 确定　　取消　　应用

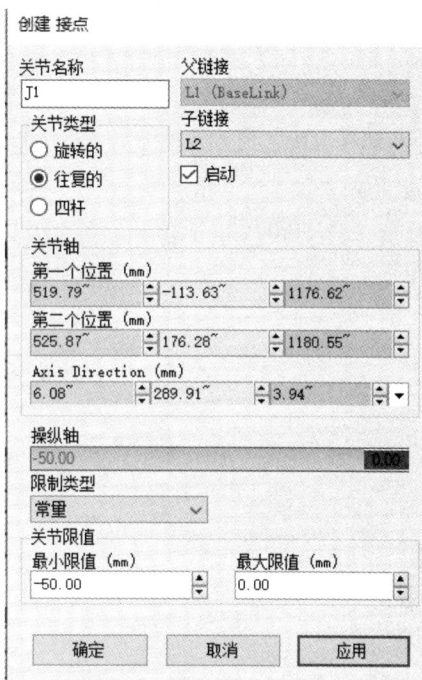

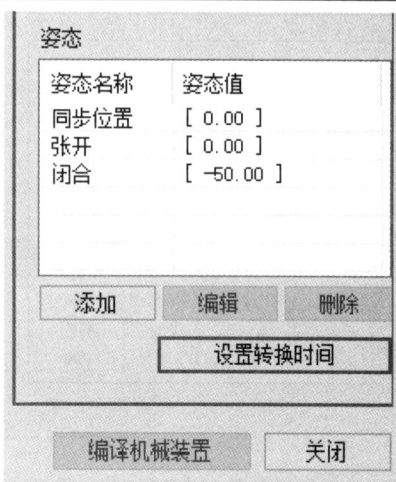

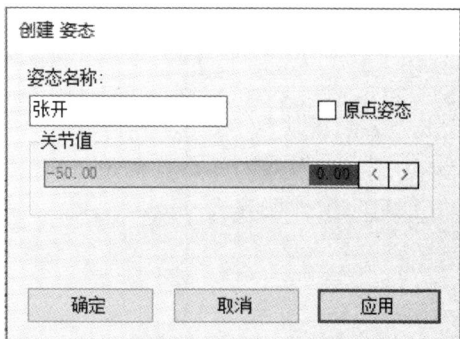

② 添加闭合对应姿态。在"姿态"下方，单击"添加"，进入"创建姿态"界面，将"姿态名称"设置为"闭合"，滑动"关节值"为"-50.00"，再单击"确定"	**创建 姿态** 姿态名称： 闭合　　　　　　□ 原点姿态 关节值 -50　　　　　　　　　　0.00 < > 确定　　取消　　应用
(13) 设置转换时间。 ① 在"姿态"下方选择"设置转换时间"。	**姿态** 姿态名称　姿态值 同步位置　[0.00] 张开　　　[0.00] 闭合　　　[-50.00] 添加　编辑　删除 设置转换时间 编译机械装置　关闭
② 在"设置转换时间"界面将时间设置为"2.000"，代表每次状态切换所用时间为2 s	设置转换时间 转换时间（s） 到达姿态：起始姿态： 　　　同步位置　张开　闭合 同步位置　　　　2.000　2.000 张开　2.000　　　　2.000 闭合　2.000　2.000 确定　取消
(14) 保存为库文件。 右键单击"装配模块"，在弹出的菜单中选择"保存为库文件…"，即可将组件保存为库文件	剪切　Ctrl+X 复制　Ctrl+C 保存为库文件… 断开与库 可见 检查 撤消检查 设定为UCS 保存为库文件 将一个组件保存为库

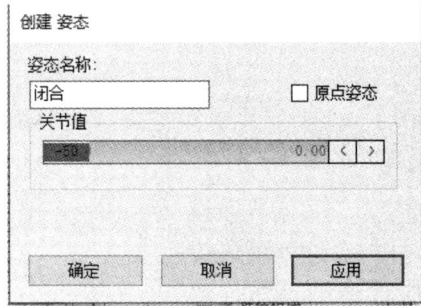

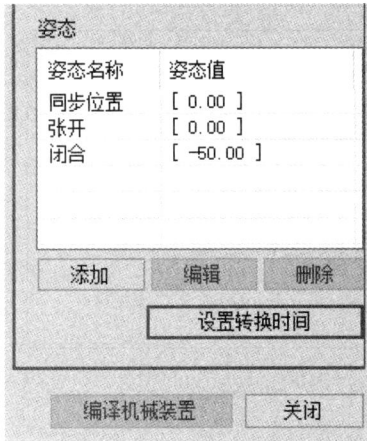

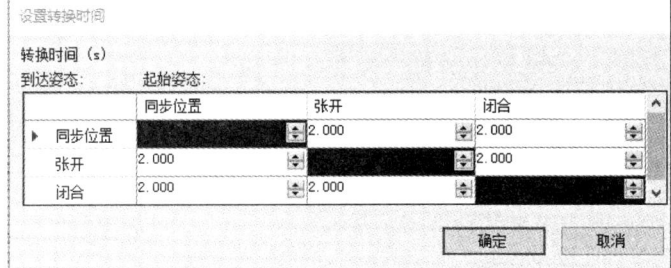

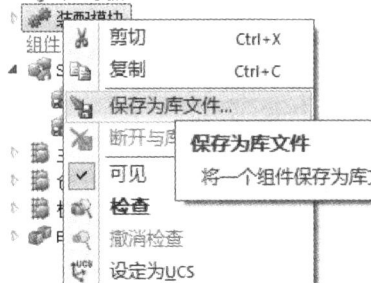

任务 5.2　　装配动画组件的创建

在装配过程中，所用到的 Smart 组件有工具"SC_变位机"组件、"SC_装配"组件及"SC_组装"组件。

1. 变位机 Smart 组件的创建

在变位机上装配时，需要变位机偏转来实现多角度装配。变位机主要设置两个方向的运动，一个是水平位置的运动，另外一个是面向机器人偏转 20°的运动，这需要添加 PoseMover 平移组件来实现，这里以添加"SC_变位机"组件来实现。具体操作说明如下。

操　作　步　骤	示　意　图
(1) 新建"SC_变位机"Smart 组件。 单击"建模"菜单下的"Smart 组件"快捷工具，将其重命名为"SC_变位机"	
(2) 添加组件。 编辑"SC_变位机"组件区。在"组成"显示界面，添加两个"PoseMover"，一个是"LogicGate[NOT]"取反组件，另一个是"LogicSRLatch"设定-复位组件	

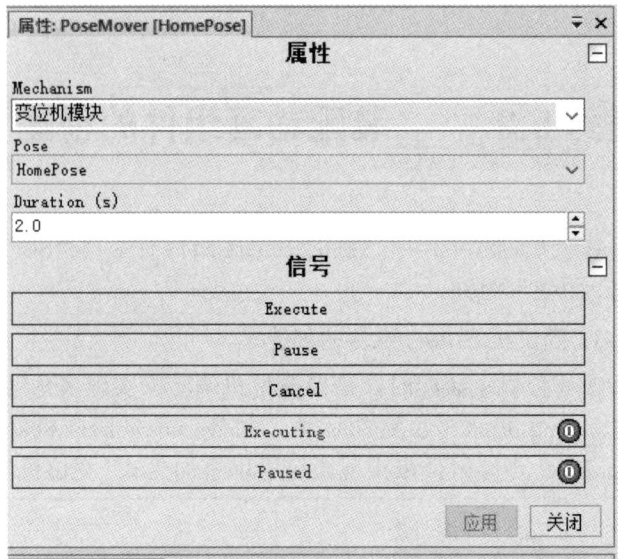

(3) 设置 PoseMover1 属性。设定变位机原点位置。在"属性：PoseMover [HomePose]"，对话框中，"Mechanism"选择为"变位机模块"，"Pose"选择为"HomePose"，将"Duration(s)"设置为"2.0"	**属性: PoseMover [HomePose]** **属性** Mechanism 变位机模块 Pose HomePose Duration (s) 2.0 **信号** Execute Pause Cancel Executing ⓪ Paused ⓪ 应用　关闭
(4) 设置 PoseMover2 属性。采用上述类似的方法，设定变位机面向机器人 −20 的位置。在"属性："PoseMover_2[-20]"对话框中，"Mechanism"选择为"变位机模块"，"Pose"选择为"−20"，将"Duration(s)"设置为"2.0"	**属性: PoseMover_2 [-20]** **属性** Mechanism 变位机模块 Pose −20 Duration (s) 2.0 **信号** Execute Pause Cancel Executing ⓪ Paused ⓪ 应用　关闭
(5) 设置 LogicGate 属性。在"SC_变位机"Smart 组件视图中，单击"添加组件"，选择"信号和属性"→"LogicGate"，在"属性：LogicGate[NOT]"对话框中，"Operator"下拉框中选择"NOT"，然后单击"应用"按钮	**属性: LogicGate [NOT]** **属性** Operator NOT Delay (s) 0.0 **信号** InputA ⓪ Output ① 应用　关闭

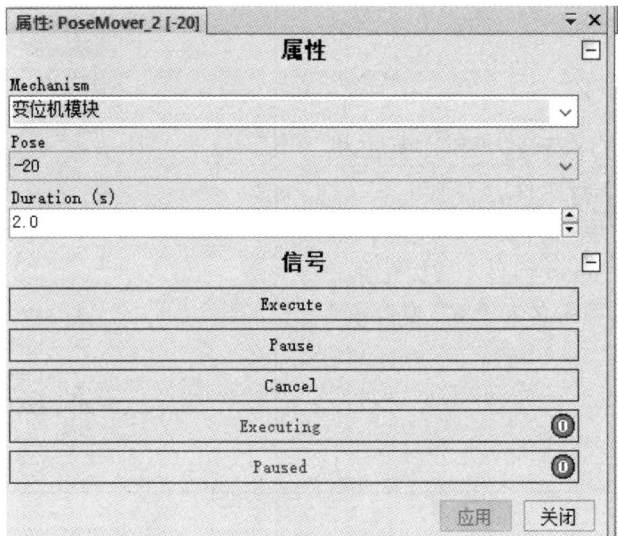

(6) 设置 I/O 信号。 在"SC_变位机"Smart 组件视图中选择"信号和连接",添加"I/O Signals",分别添加输入/输出信号	**SC_变位机** 描述 English ∨ 组成 设计 属性与连结 **信号和连接** I/O 信号 名称 / 信号类型 / 值 di_A_trans / DigitalInput / 0 do_A_t_OK / DigitalOutput / 0 添加I/O Signals 展开子对象信号 编辑 删除
(7) 设置 I/O 信号连接。 设置SC_变位机的I/O信号连接。在"SC_变位机"Smart组件视图中,选择"信号和连接",添加"I/O Connection",如右图所示	I/O连接 源对象 / 源信号 / 目标对象 / 目标信号或属性 SC_变位机 / di_A_trans / PoseMover [20] / Execute SC_变位机 / di_A_trans / LogicGate [NOT] / InputA LogicGate [NOT] / Output / PoseMover_2 [Home... / Execute LogicSRLatch / Output / SC_变位机 / do_A_t_OK SC_变位机 / di_A_trans / LogicSRLatch / Set LogicGate [NOT] / Output / LogicSRLatch / Reset 添加I/O Connection 编辑 删除 上移 下移
(8) 验证。 ① 上述设置全部完成后,在"属性:SC_变位机"中,单击"di_A_trans"。	属性: SC_变位机 信号 di_A_trans ① do_A_t_OK ① 应用 关闭
② 变位机偏转至面向机器人20°。	
③ 单击"di_A_t",将其置"0"。	信号 di_A_t ⓪ do_a_t_ok ⓪ 应用 关闭
④ 变位机水平,如右图所示	

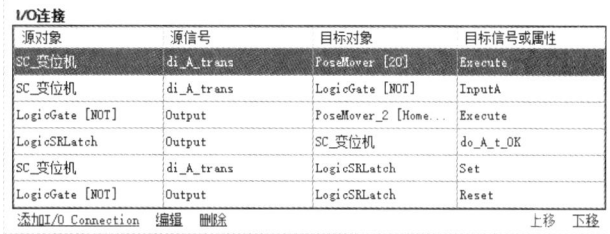

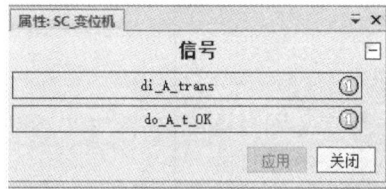

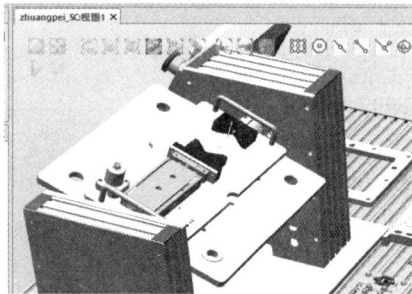

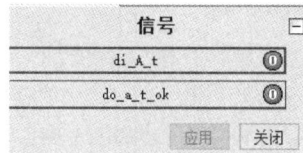

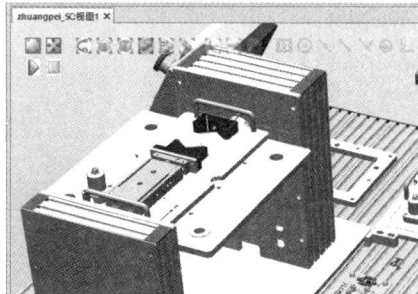

2. 装配 Smart 组件的创建

仿真中采用 Smart 组件中的 Posemover 组件实现气缸的伸缩直线运动。因为变位机需要转动，所以这里还需要用到 LinerSensor(线传感器)来感应工件的位置。同时要用到 Attacher(附着)、Dettacher(释放)等功能组件，具体操作步骤如下。

操 作 步 骤	示 意 图
(1) 新建"SC_装配"Smart 组件。 单击"建模"菜单下的"Smart 组件"快捷工具，并将其重命名为"SC_装配"	
(2) 添加组件。 进入"SC_装配"编辑区，添加两个 PoseMover 组件，一个 Attacher 组件，一个 Detacher 组件，一个 LinerSensor 组件，一个 LogicGate[NOT]组件，以及一个 LogicSRLatch 组件。具体方法可参考前面任务	
(3) 设置 PoseMover_3 属性。 设置 PoseMover_3 为张开状态	

(4) 设置 PoseMover_4 属性。 设置 PoseMover_4 为闭合状态	
(5) 设置 LinerSensor 属性。 在"属性：LinerSensor"显示界面，Start 位置选择 V 型槽的中点，End 位置在 Y 方向偏移 3 mm，半径"Radius(mm)"设置为 3 mm。这样当有物料装配时可感应得到	
(6) 设置属性连接。 设置属性连接如右图	属性连接 | 源对象	源属性	目标对象	目标属性或信号
---	---	---	---
Attach...	Child	Detach...	Child
LineSe...	SensedPart	Attach...	Child	
(7) 设置 I/O 信号。 ① 添加信号和连接，设置 I/O 信号。	**SC_装配**　　English ∨ 组成　设计　属性与连接　信号和连接 I/O 信号 	名称	信号类型	值
---	---	---
di_a_pose	DigitalInput	0
do_a_pose	DigitalOutput	0	

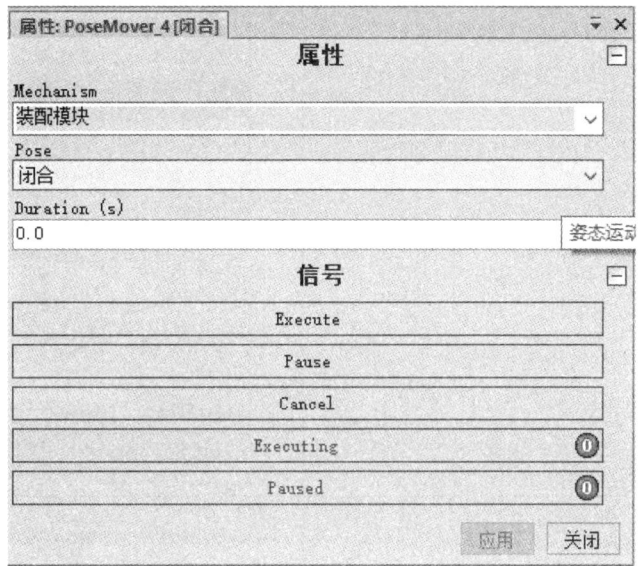

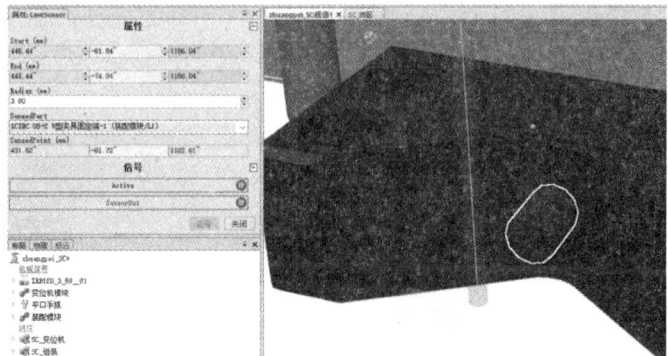

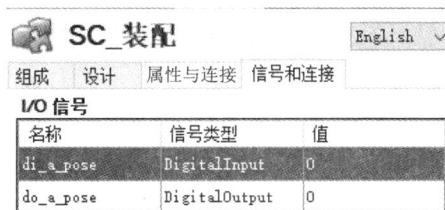

② 设置 I/O 连接如右图	**I/O连接** | 源对象	源信号	目标对象	目标信号或属性
---	---	---	---
SC_装配	di_a_pose	PoseMover_...	Execute
SC_装配	di_a_pose	LogicGate_...	InputA
LogicGate_...	Output	PoseMover_...	Execute
SC_装配	di_a_pose	LineSensor_4	Active
LineSensor_4	SensorOut	Attacher_2	Execute
PoseMover_...	Executed	Detacher_2	Execute
SC_装配	di_a_pose	LogicSRLat...	Set
LogicGate_...	Output	LogicSRLat...	Reset
LogicSRLat...	Output	SC_装配	do_a_pose	 添加I/O Connection　编辑　删除　　　　上移　下移
(8) 验证。 ① 设置完成后，在"属性：SC_装配"界面中，将"di_a_pose"置"1"。	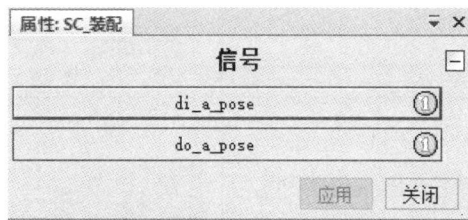
② 气缸推出。	
③ 在"属性：SC_装配"界面中，将"di_a_pose"置"0"。	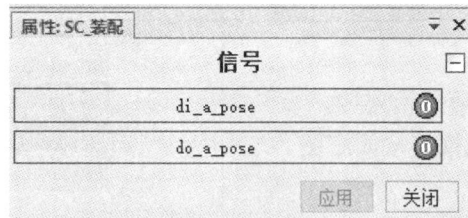
④ 气缸缩回	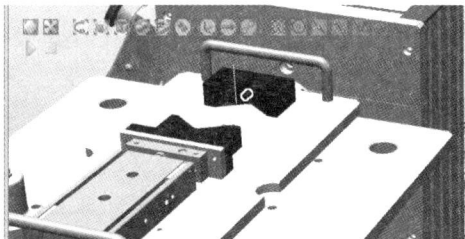

3. 组装的 Smart 组件的创建

组装的 Smart 组件用于实现电子转子和端盖的组装，手爪抓取电机转子或端盖外壳上方后，松开手爪，电机转子和电机端盖会下滑到对应的安装位置。这里需要添加 LinerMover 组件实现工件的直线运动、LinerSensor 组件感应到工件、PlaneSensor 组件感应工件是否到位、Attacher 将组件安装到电机外壳上等功能组件，具体操作步骤如下。

操 作 步 骤	示 意 图
(1) 新建 "SC_组装" Smart 组件。 单击"建模"菜单下的"Smart 组件"快捷工具，并重命名为"SC_组装"	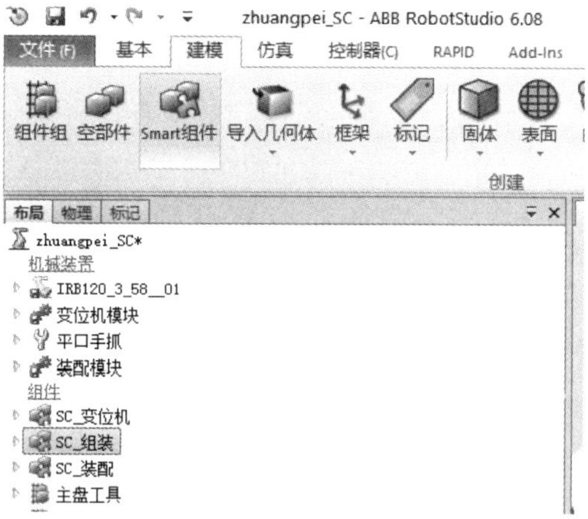
(2) 添加组件。 依次添加"SC_组装"的组件，添加一个 LinerSensor 组件，一个 LinerMover 组件，一个 PlaneSensor 组件，一个 Attacher 组件，两个 LogicSRLatch 组件，一个 LogicGate [NOT]组件。	
(3) 设置线性传感 LinerSensor 属性。 按照右图，设置线性传感 LinerSensor 的属性	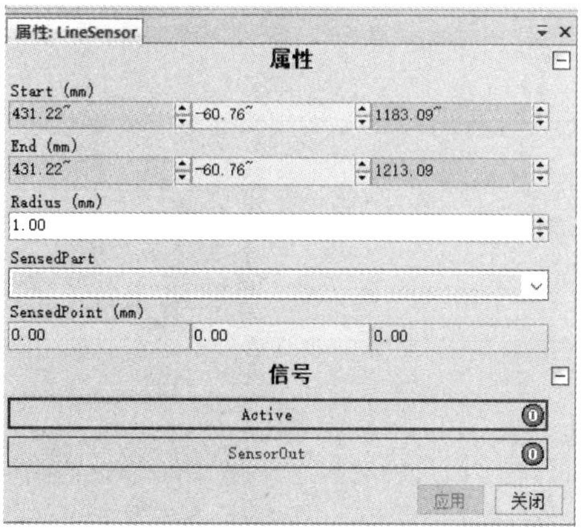

(4) 设置平面传感 PlaneSensor 属性。 ① 按照右图，设置平面传感 PlaneSensor 的属性。	
② 平面传感器设置成功后的对应显示，如右图矩形框所示	
(5) 设置 LinerMover 的属性	

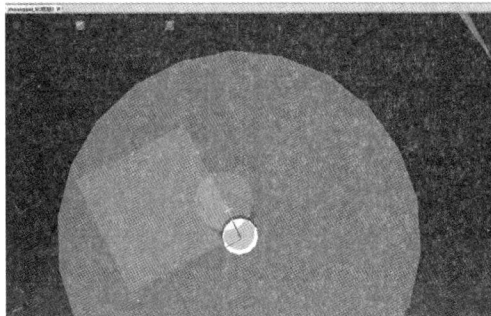

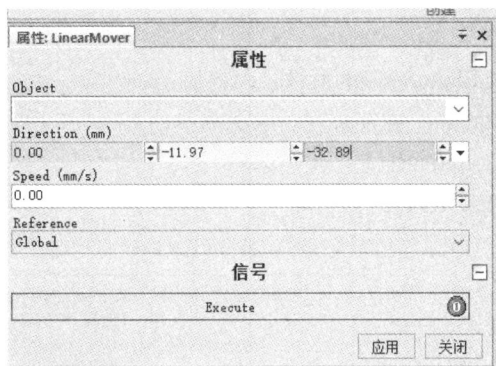

(6) 设置属性连接

属性连接

源对象	源属性	目标对象	目标属性或信号
LineSensor_2	SensedPart	LinearMover	Object
PlaneSensor	SensedPart	Attacher_2	Child

(7) 设置 I/O 信号

I/O 信号

名称	信号类型	值
Di_a_zuzhuang	DigitalInput	0
Do_a_zuzhuang	DigitalOutput	0

(8) 设置 I/O 信号的连接	 **I/O连接** | 源对象	源信号	目标对象	目标信号或属性
SC_组装	Di_a_zuzhuang	LogicSRLatch_3	Set
LogicSRLatch_3	Output	LineSensor_2	Active
LogicSRLatch_3	Output	PlaneSensor	Active
SC_组装	Di_a_zuzhuang	LogicGate_3 ...	InputA
LogicGate_3 [...	Output	LogicSRLatch_3	Reset
LineSensor_2	SensorOut	LogicSRLatch_3	Set
PlaneSensor	SensorOut	LogicSRLatch_3	Reset
LogicSRLatch_3	Output	LinearMover	Execute
PlaneSensor	SensorOut	Attacher_2	Execute
Attacher_2	Executed	SC_组装	Do_a_zuzhuang	
(9) 验证。 ① 仿真时，将"Di_a_zuzhuang"置为"1"。	**信号** Di_a_zuzhuang ① Do_a_zuzhuang ⓪ 应用　关闭
② 停止后，将"Dia_zuzhuang"置为"0"	属性: SC_组装 **信号** Di_a_zuzhuang ⓪ Do_a_zuzhuang ⓪ 应用　关闭

任务 5.3　装配轨迹离线编程与调试装配流程规划

1. 装配流程规划
电机装配的流程规划如图 5-2 所示。

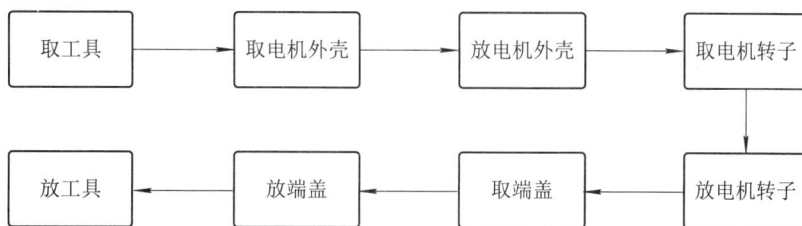

取工具 → 取电机外壳 → 放电机外壳 → 取电机转子 → 放电机转子 → 取端盖 → 放端盖 → 放工具

图 5-2　电机装配流程图

2. 装配工作站的初始布局

装配工作站的初始布局为电机外壳置于仓库模块的库位上，电机转子和端盖放置于物料模块上，具体初始位置如图 5-3 所示。

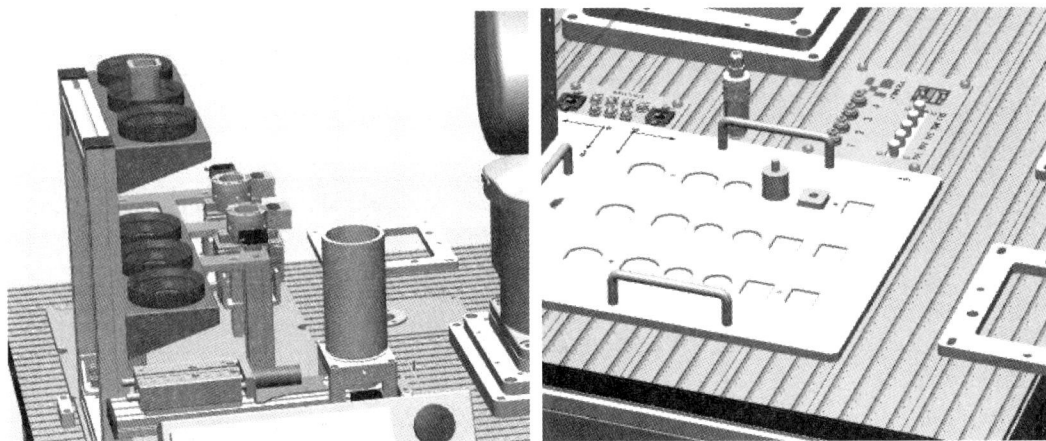

图 5-3　装配工作站的初始位置

装配工作站的初始布局操作步骤如下。

操　作　步　骤	示　意　图
(1) 工作站布局。 导入"1 + X 应用编程考核平台"对应的变位机模块、装配模块、快换装置模块、仓库模块(方法同项目二搬运工作站)，布局如右图所示	
(2) 导入几何体：电机外壳、电机转子、电机端盖	

（3）设定电机外壳位置。 将电机外壳放置在仓库的中间库位位置。右键单击"电机外壳"，在弹出的列表中选择"位置"→"设定位置"，输入对应坐标值。"参考"坐标系选择为"大地坐标"，"位置 X、Y、Z(mm)"对应为"150.33""−511.86""1303.27"	
（4）设定电机转子位置。 将电机转子放置在物料模块对应的位置。右键单击"电机转子"，在弹出的列表中选择"位置"→"设定位置"，输入对应坐标值。"参考"坐标系选择为"大地坐标"，"位置 X、Y、Z(mm)"对应为"−169.93""375.00""918.79"	
（5）设定电机端盖位置。 将电机端盖放置在物料模块对应的位置。右键单击"电机端盖"，在弹出的列表中选择"位置"→"设定位置"，输入对应坐标值。"参考"坐标系选择为"大地坐标"，"位置 X、Y、Z(mm)"对应为"−205.00""375.00""917.50"	

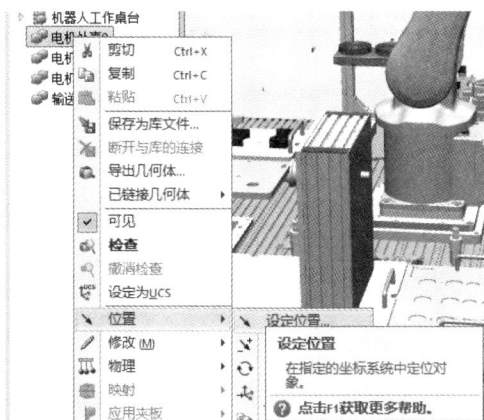

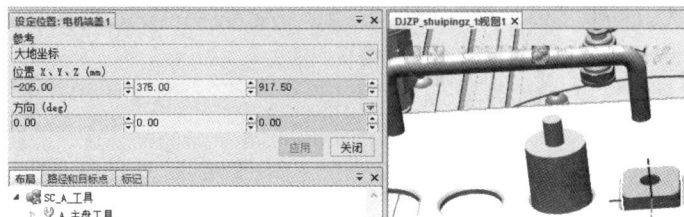

完成后，完整的装配工作站布局如图所示 5-4 所示。

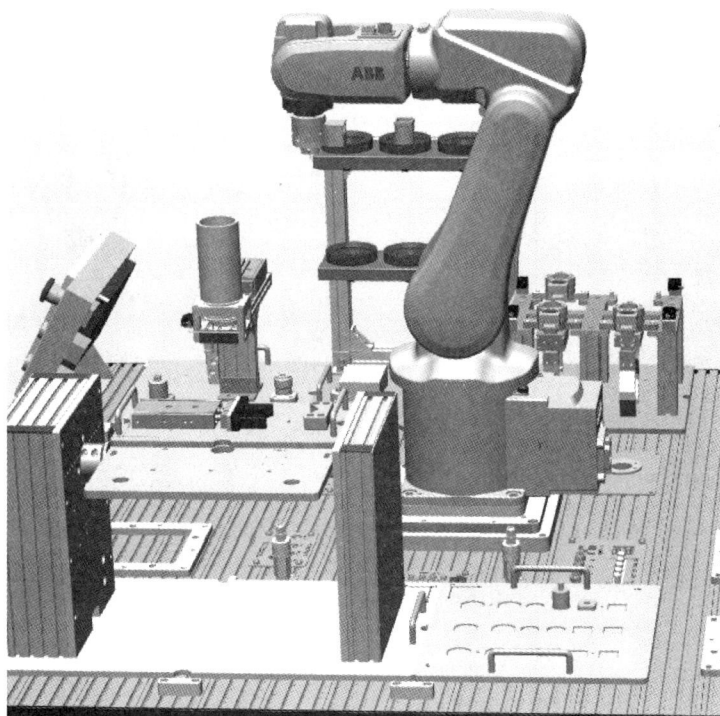

图 5-4　装配工作站完整布局

3. 装配工作站逻辑

在编写 RAPID 程序之前，需要给机器人配置输入/输出信号，具体操作步骤如下。

操　作　步　骤	示　意　图
(1) 新建信号。 ① 在"控制器"选项卡中选择"配置"，在下拉菜单中选择"I/O System"。	

② 在"配置-I/O System"界面中，右键单击"Signal"，单击"新建 Signal"…。	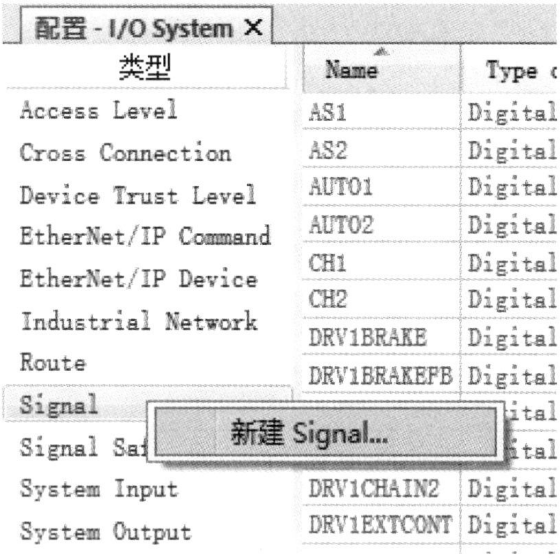 **配置 - I/O System ×** 类型 / Name / Type Access Level / AS1 / Digital Cross Connection / AS2 / Digital Device Trust Level / AUTO1 / Digital EtherNet/IP Command / AUTO2 / Digital EtherNet/IP Device / CH1 / Digital Industrial Network / CH2 / Digital Route / DRV1BRAKE / Digital Signal / DRV1BRAKEFB / Digital Signal Saf / **新建 Signal...** / Digital System Input / DRV1CHAIN2 / Digital System Output / DRV1EXTCONT / Digital
③ 在弹出的"实例编辑器"中，分别输入名称和类型，"Name"栏输入"YV1"，"Type of Signal"栏选择"Digital Output"。 注意：这里为了和现场设备工作站统一，信号名根据现场设备工作站名来创建	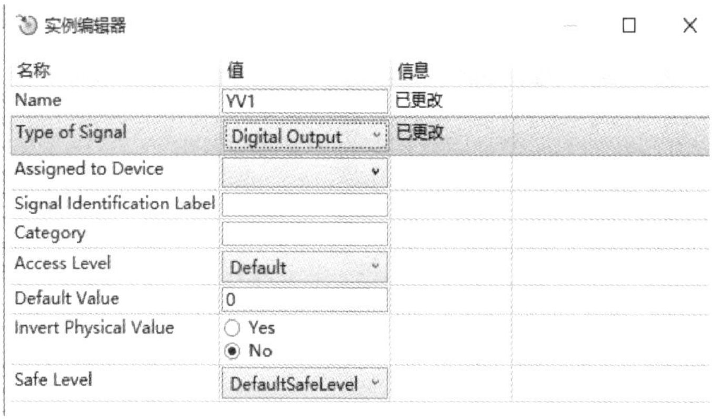 **实例编辑器** 名称 / 值 / 信息 Name / YV1 / 已更改 Type of Signal / Digital Output / 已更改 Assigned to Device / Signal Identification Label / Category / Access Level / Default Default Value / 0 Invert Physical Value / ○ Yes ● No Safe Level / DefaultSafeLevel
(2) 快换模块信号的创建。 类似的分别创建"YV2""YV3""YV4"，"Type of Signal"栏选择"Digital Output"。 其中，YV1、YV2控制机器人法兰盘处钢珠的缩回与伸出；YV3、YV4控制手爪的张开与闭合。 创建好的变量如右图所示	YV1 Digital Output D652_10 YV2 Digital Output D652_10 YV3 Digital Output D652_10 YV4 Digital Output D652_10

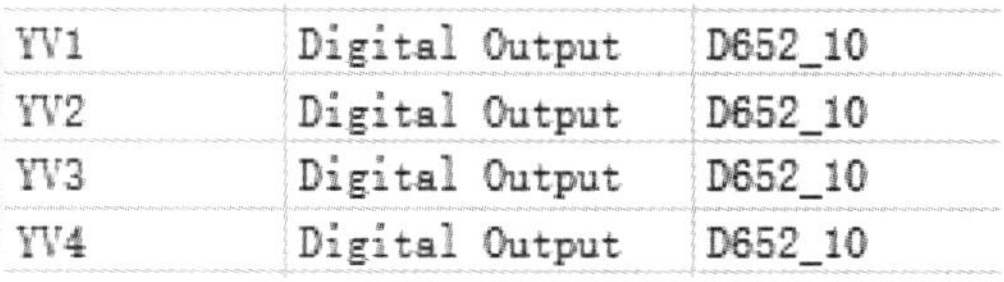

(3) 装配模块信号的创建。 　创建"EXDO7"和"do_A_Trans","Type of Signal"栏选择"Digital Output"。 　其中,EXDO7控制变位机上装配模块的信号;do_A_Trans控制变位机的旋转信号。 　创建好的变量如右图所示	EXDO7　　　　　Digital Output　　BK5250 do_A_Trans　Digital Output　　BK5250
(4) 重启控制器。 　单击"控制器"选项卡中"重启"→"重启动(热启动)"命令。重启后上面新建的变量才会生效	
(5) 设计工作站逻辑。 　① 在"仿真"选项卡下,单击"工作站逻辑"命令,进入"工作站逻辑"编辑窗口。选择"设计"子页面。	
② 进入"设计"子页面后,按照右图连接各输入/输出变量,完成工作站逻辑的设计	

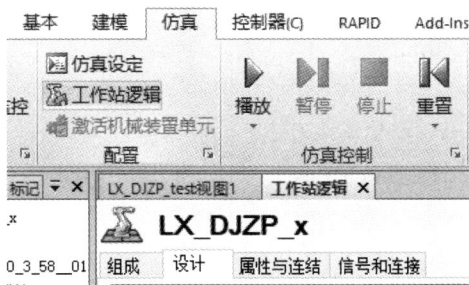

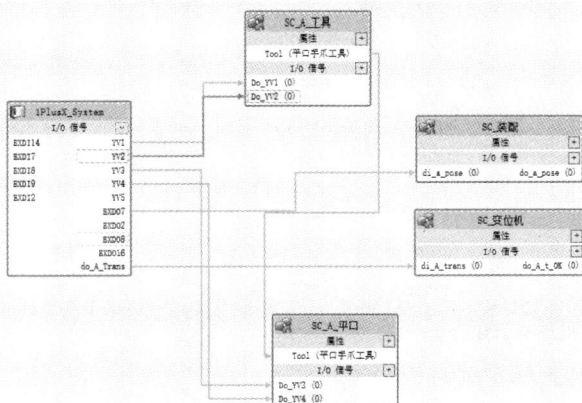

4. 装配路径关键点示教

通过对装配路径的分析，分析出关键点位为取工具点、取电机外壳点、放电机外壳点、取电机转子点、放电机转子点、取电机端盖点、放电机端盖点。除了关键点位，还需在取放过程中添加过渡点，具体操作步骤如下。

操 作 步 骤	示 意 图
(1) 创建原点。 在"基本"选项卡中选择"目标点"，单击"创建Jointtarget"进入"创建关节目标点"界面，创建 phome 原点	
(2) 设置原点初始值。 在"创建关节目标点"界面"修改"Misc 数据"对应的"名称"为"pHome"，选择"轴数值"为"外轴"，设置"关节数值[mm|deg]"分别为"0.00""-20.00""20.00""0.00""90.00""0"。 注意：机器人轴初始角度值为[0,-20,20,0,90,0]	
(3) 示教目标点。 调整机器人到达取工具处，在"基本"选项卡中单击"示教目标点"即可记录该点位置	
(4) 取工具点示教。 调整机器人各轴，使机器人运行到取工具处，单击"示教目标点"即记录了取工具的位置	

(5) 取外壳点示教。 　采用同样的方法，调整机器人到取电机外壳点，记录示教点	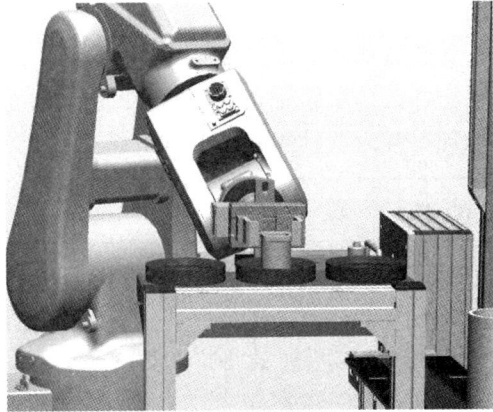
(6) 放电机外壳点示教。 　调整机器人姿态，找到变位机上放电机外壳点，并记录示教点，同时装配气缸闭合，变位机旋转为-20°(方法同 Smart 组件验证)	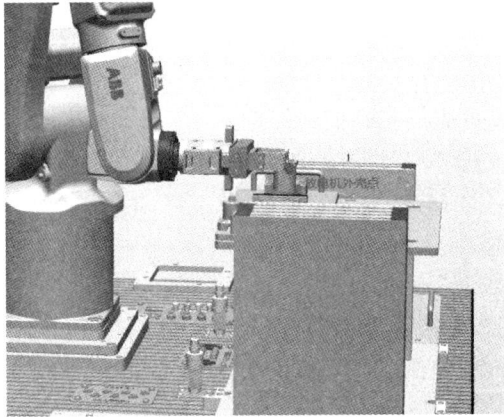
(7) 取转子点示教。 　调整机器人姿态到取转子点，并记录示教点	
(8) 调整机器人姿态到放转子点，并记录示教点	

(9) 变位机面向机器人旋转至水平	
(10) 调整机器人姿态到取端盖点，并记录示教点	
(11) 调整机器人姿态到放端盖点，并记录示教点	
(12) 因原点 pHome 到达快换、仓库及变位机的运动范围较大，故在调试过程中需要添加适当的过渡点	

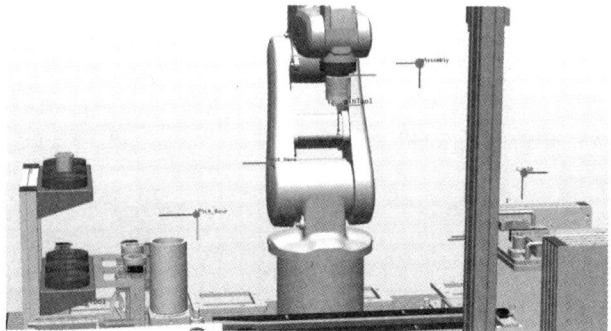

5. 完整装配程序编写

根据装配流程，及前面示教的关键点位，完成装配程序编写，(实际编程过程中根据需要可添加过渡点)，具体操作步骤如下。

操 作 步 骤	示 意 图

(1) 添加取工具例行程序	<pre>41 PROC Qu_GongJu()!取工具
	42 MoveAbsJ pHome,v200,fine,tool0;!机器人从原点出发
	43 MoveAbsJ pTools\NoEOffs,v200,fine,tool0\WObj:=wobj0;!取工具上方过渡点
	44 SetDO YV1,1;
	45 SetDO YV2,0;!钢珠缩进
	46 MoveJ offs(pTempPos,0,0,150),v200,fine,tool0;!取工具上方150mm处
	47 MoveL pTempPos,v50,fine,tool0;!钢珠缩进
	48 SetDO YV1,0;
	49 SetDO YV2,1;!钢珠伸出固定工具
	50 WaitTime 1;
	51 MoveL offs(pTempPos,0,0,150),v200,fine,tool0;!取工具上方150mm处
	52 MoveAbsJ pTools\NoEOffs,v200,fine,tool0\WObj:=wobj0;!取工具上方过渡点
	53 MoveAbsJ pHome,v200,fine,tool0;!回原点
	54 ENDPROC</pre>

(2) 添加电机装配例行程序	<pre>74 PROC ZP_DJ()
	75 MoveAbsJ pHome\NoEOffs, v200, fine, tool0;</pre>

(3) 电机外壳例行程序。
① 按照装配步骤，首先电机外壳出库。
	<pre>Set YV3;
	Reset YV4;!手爪张开
	MoveJ pick_guodu, v200, fine, tool0\WObj:=wobj0;
	MoveJ pick_guodu10, v200, fine, tool0\WObj:=wobj0;
	MoveJ Offs(Qu_WaiKe,0,0,50),v100,fine,tool0;
	MoveL Qu_WaiKe, v50, fine, tool0;!取外壳点
	Set YV4;
	Reset YV3;!手爪闭合
	WaitTime 0.5;
	MoveJ Offs(Qu_WaiKe,0,0,50),v100,fine,tool0;!????
	MoveJ pick_guodu10, v200, fine, tool0\WObj:=wobj0;
	MoveJ pick_guodu, v200, fine, tool0\WObj:=wobj0;
	MoveAbsJ pHome\NoEOffs, v200, fine, tool0;</pre>

② 放电机外壳。	<pre>MoveJ Offs(fang_waike,0,0,150),v200,fine,tool0\WObj:=wobj0;
	MoveL Offs(fang_waike,0,0,0),v50,fine,tool0\WObj:=wobj0;!到达放外壳点
	Set YV3;
	Reset YV4;!手爪张开
	WaitTime 1;
	set EXDO7;!气缸闭合
	WaitTime 1;
	set do_A_Trans;!变位机旋转至-20
	WaitTime 1;
	MoveJ Offs(fang_waike,0,0,150),v100,fine,tool0;
	MoveAbsJ pHome\NoEOffs, v200, fine, tool0;</pre>

③ 变位机面向机器人旋转20°	

| (4) 取转子程序 | ```
MoveAbsJ pHome\NoEOffs, v200, fine, tool0;
MoveJ Asm_Ready, v200, fine, tool0;!取转子过渡点
MoveJ Offs(Qu_ZhuanZi,0,0,150),v100,fine,tool0;
MoveL Qu_ZhuanZi, v50, fine, tool0;!取转子点
WaitTime 0.5;
Set YV4;
Reset YV3;
WaitTime 1;
MoveL Offs(Qu_ZhuanZi,0,0,150),v100,fine,tool0;
MoveJ Asm_Ready, v200, fine, tool0;
WaitTime 1;
``` |
|---|---|
| (5) 放转子程序。<br>① 放转子程序。注意：这里转子为倾斜装配，所以用 RelTool 函数实现偏移。 | ```
MoveAbsJ zzf\NoEOffs, v200, fine, tool0;!放转子过渡点
MoveJ RelTool(Fang_ZhuanZi,0,0,-50),v200, fine,tool0\WObj:=wobj0;
MoveJ Fang_ZhuanZi, v200, fine, tool0;!放转子点
Set YV3;
Reset YV4;
WaitTime 1;
MoveJ RelTool(Fang_ZhuanZi,0,0,-50),v200, fine,tool0\WObj:=wobj0;
Reset do_A_Trans;!变位机水平
WaitTime 0.5;
``` |
| ② 转子倾斜装配 | |
| (6) 变位机水平例行程序 | ```
Reset do_A_Trans;!变位机水平
WaitTime 0.5;
```<br> |
```

| (7) 装端盖例行程序 | ```
MoveJ Asm_Ready, v200, fine, tool0;
MoveJ Offs(Qu_DuanGai,0,0,150),v100,fine,tool0;
MoveL Qu_DuanGai,v50,fine,tool0;
WaitTime 0.5;
Set YV4;
Reset YV3;
WaitTime 0.5;
MoveJ Offs(Qu_DuanGai,0,0,150),v100,fine,tool0;
MoveJ Asm_Ready, v200, fine, tool0;
MoveJ Offs(Fang_DuanGai,0,0,50),v200, fine,tool0\WObj:=wobj0;
MoveL Offs(Fang_DuanGai,0,0,0),v50, fine,tool0\WObj:=wobj0;
Set YV3;
Reset YV4;
WaitTime 0.5;
``` |
| (8) 成品入库例行程序。<br>① 成品入库程序。注意：这里入库和出库的位置相同。 | ```
MoveAbsJ pHome\NoEOffs, v200, fine, tool0;
MoveJ pick_guodu, v200, fine, tool0\WObj:=wobj0;
MoveJ pick_guodu10, v200, fine, tool0\WObj:=wobj0;
MoveJ Offs(Qu_WaiKe,0,0,50),v100,fine,tool0;
MoveL Qu_WaiKe, v50, fine, tool0;
Set YV3;
Reset YV4;
WaitTime 0.5;
MoveAbsJ pHome\NoEOffs, v200, fine, tool0;
``` |
| ② 入库成功 | |
| (9) 放工具例行程序。<br>放工具，机器人回原点 | ```
PROC Fang_GongJu()
    MoveAbsJ pHome,v200,fine,tool0;
    MoveAbsJ pTools\NoEOffs,v200,fine,tool0\WObj:=wobj0;
    MoveJ offs(pTempPos,0,0,150),v200,fine,tool0;
    MoveL pTempPos,v50,fine,tool0;
    SetDO YV2,0;
    SetDO YV1,1;
    WaitTime 1;
    MoveL offs(pTempPos,0,0,150),v200,fine,tool0;
    MoveAbsJ pTools\NoEOffs,v200,fine,tool0\WObj:=wobj0;
    MoveAbsJ pHome,v200,fine,tool0;
ENDPROC
``` |
| (10) RAPID 同步到工作站。
将程序同步到工作站 | |
```

根据装配流程，主要涉及的 RAPID 程序分为取工具、放工具、装配电机，具体子程序示例如下。

(1) 取工具 Qu_GongJu()示例程序：工业机器人运动至快换装置处，取平口夹爪。因为整个过程机器人运动范围较大，所以在运行过程中适当添加过渡点，如图 5-5 所示，详细例行程序如下。

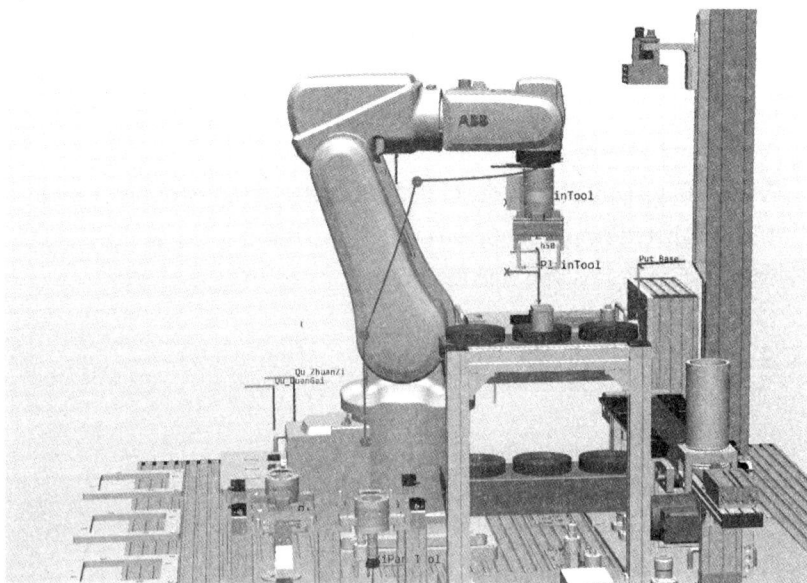

图 5-5　取工具运行轨迹示意图

```
PROC Qu_GongJu()
        MoveAbsJ pHome,v200,fine,tool0;
        /*机器人从原点出发
        MoveAbsJ pTools\NoEOffs,v200,fine,tool0\WObj:=wobj0;
        /*取工具上方过渡点
        SetDO YV1,1;
        SetDO YV2,0;
        /*钢珠缩进
        MoveJ offs(pTempPos,0,0,150),v200,fine,tool0;
        /*取工具上方点 150 mm 处
        MoveL pTempPos,v50,fine,tool0;
        /*取工具点
        SetDO YV1,0;
        SetDO YV2,1;
        /*钢珠伸出固定工具
        WaitTime 1;
        /*时延 1 s
        MoveL offs(pTempPos,0,0,150),v200,fine,tool0;
        /*直线移动到取工具上方点 150 mm 处
```

```
MoveAbsJ pTools\NoEOffs,v200,fine,tool0\WObj:=wobj0;
/*取工具上方过渡点
MoveAbsJ pHome,v200,fine,tool0;
/*回原点
```
ENDPROC

(2) 放工具 Fang_GongJu()示例程序：除了钢珠信号相反以外，其他情况和取工具一致，具体示例程序如下。

```
PROC Fang_GongJu()
        MoveAbsJ pHome,v200,fine,tool0;
        MoveAbsJ pTools\NoEOffs,v200,fine,tool0\WObj:=wobj0;
        MoveJ offs(pTempPos,0,0,150),v200,fine,tool0;
        MoveL pTempPos,v50,fine,tool0;
        SetDO YV2,0;
        SetDO YV1,1;
/*钢珠缩回
        WaitTime 1;
        MoveL offs(pTempPos,0,0,150),v200,fine,tool0;
        MoveAbsJ pTools\NoEOffs,v200,fine,tool0\WObj:=wobj0;
        MoveAbsJ pHome,v200,fine,tool0;
```
ENDPROC

(3) 装配 ZP_DJ()示例程序：机器人按照气缸松开→变位机水平→取电机外壳→放电机外壳→气缸夹紧→变位机旋转→取电机转子→放电机转子→取端盖→放端盖→成品入库→放工具的顺序依次完成，轨迹示意图如图 5-6、图 5-7 所示，具体示例程序如下。

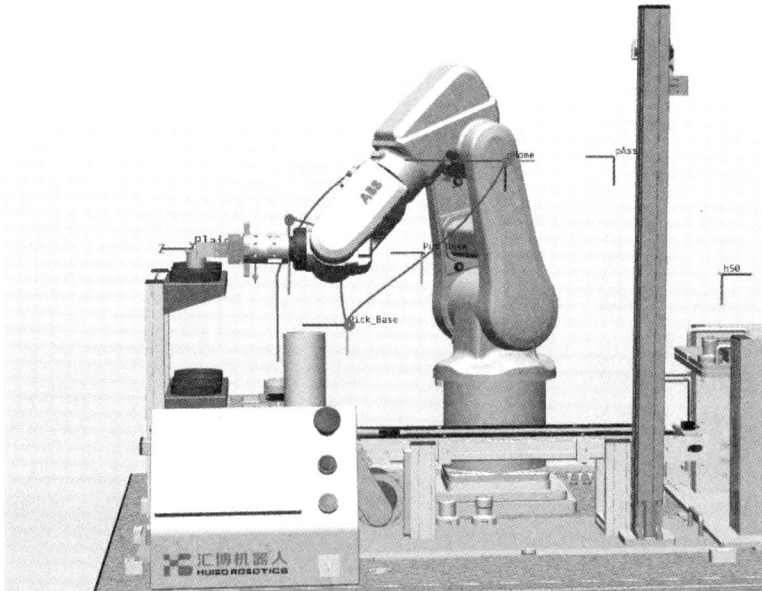

图 5-6 取外壳运行轨迹示意图

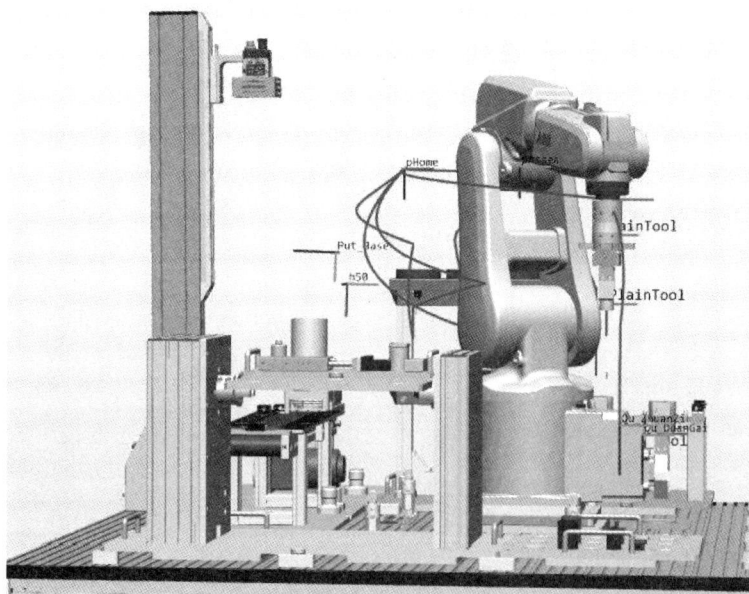

图 5-7　取转子示意图

```
PROC ZP_DJ()
    PROC ZP_DJ()
    Reset do_A_Trans;
    /*变位机水平
    reset EXDO7;
    /*气缸松开
    WaitTime 0.5;
    MoveAbsJ pHome\NoEOffs, v200, fine, tool0;
    pTempPos:=pToolPos{1};
    Qu_GongJu;
    Set YV3;
    Reset YV4;
    /*手爪张开
    MoveJ pick_guodu, v200, fine, tool0\WObj:=wobj0;
    MoveJ pick_guodu10, v200, fine, tool0\WObj:=wobj0;
    MoveJ Offs(Qu_WaiKe,0,0,50),v100,fine,tool0;
    MoveL Qu_WaiKe, v50, fine, tool0;
    /*取外壳点
    Set YV4;
    Reset YV3;
    /*手爪闭合
    WaitTime 0.5;
```

```
MoveJ Offs(Qu_WaiKe,0,0,50),v100,fine,tool0;!????
MoveJ pick_guodu10, v200, fine, tool0\WObj:=wobj0;
MoveJ pick_guodu, v200, fine, tool0\WObj:=wobj0;
MoveAbsJ pHome\NoEOffs, v200, fine, tool0;
MoveJ Offs(fang_waike,0,0,150),v200, fine,tool0\WObj:=wobj0;
MoveL Offs(fang_waike,0,0,0), v50, fine,tool0\WObj:=wobj0;
/*到达放外壳点
Set YV3;
Reset YV4;
/*手爪张开
WaitTime 1;
set EXDO7;
/*气缸闭合
WaitTime 1;
set do_A_Trans;
/*变位机旋转至-20°
WaitTime 1;
MoveJ Offs(fang_waike,0,0,150),v100,fine,tool0;
MoveAbsJ pHome\NoEOffs, v200, fine, tool0;
MoveJ Asm_Ready, v200, fine, tool0;
/*取转子过渡点
MoveJ Offs(Qu_ZhuanZi,0,0,150),v100,fine,tool0;
MoveL Qu_ZhuanZi, v50, fine, tool0;
/*取转子点
WaitTime 0.5;
Set YV4;
Reset YV3;
WaitTime 1;
MoveL Offs(Qu_ZhuanZi,0,0,150),v100,fine,tool0;
MoveJ Asm_Ready, v200, fine, tool0;
WaitTime 1;
MoveAbsJ zzf\NoEOffs, v200, fine, tool0;
/*放转子过渡点
MoveJ RelTool(Fang_ZhuanZi,0,0,-50),v200, fine,tool0\WObj:=wobj0;
MoveJ Fang_ZhuanZi, v200, fine, tool0;
/*放转子点
Set YV3;
Reset YV4;
WaitTime 1;
```

```
        MoveJ RelTool(Fang_ZhuanZi,0,0,-50),v200, fine,tool0\WObj:=wobj0;
        Reset do_A_Trans;
        /*变位机水平
        WaitTime 0.5;
        MoveJ Asm_Ready, v200, fine, tool0;
        MoveJ Offs(Qu_DuanGai,0,0,150),v100,fine,tool0;
        MoveL Qu_DuanGai,v50,fine,tool0;
        WaitTime 0.5;
        Set YV4;
        Reset YV3;
        WaitTime 0.5;
        MoveL Offs(Qu_DuanGai,0,0,150),v100,fine,tool0;
        MoveJ Asm_Ready, v200, fine, tool0;
        MoveJ Offs(Fang_DuanGai,0,0,50),v200, fine,tool0\WObj:=wobj0;
        MoveL Offs(Fang_DuanGai,0,0,0),v50, fine,tool0\WObj:=wobj0;
        Set YV3;
        Reset YV4;
        WaitTime 0.5;
        MoveJ Offs(fang_waike,0,0,150),v200, fine,tool0\WObj:=wobj0;
        Reset EXDO7;
        WaitTime 0.5;
        MoveL Offs(fang_waike,0,0,0),v50, fine,tool0\WObj:=wobj0;
        Set YV4;
        Reset YV3;
        WaitTime 0.5;
        MoveJ Offs(fang_waike,0,0,150),v200, fine,tool0\WObj:=wobj0;
        MoveAbsJ pHome\NoEOffs, v200, fine, tool0;
        MoveJ pick_guodu, v200, fine, tool0\WObj:=wobj0;
        MoveJ pick_guodu10, v200, fine, tool0\WObj:=wobj0;
        MoveJ Offs(Qu_WaiKe,0,0,50),v100,fine,tool0;
        MoveL Qu_WaiKe, v50, fine, tool0;
        Set YV3;
        Reset YV4;
        WaitTime 0.5;
        MoveAbsJ pHome\NoEOffs, v200, fine, tool0;
        Fang_GongJu;
    ENDPROC
```

6. 工作站仿真与运行

完成程序的编写以后，需要添加仿真设定，具体操作步骤如下。

操 作 步 骤	示 意 图
(1) 仿真设定。 单击"仿真"→"仿真设定"	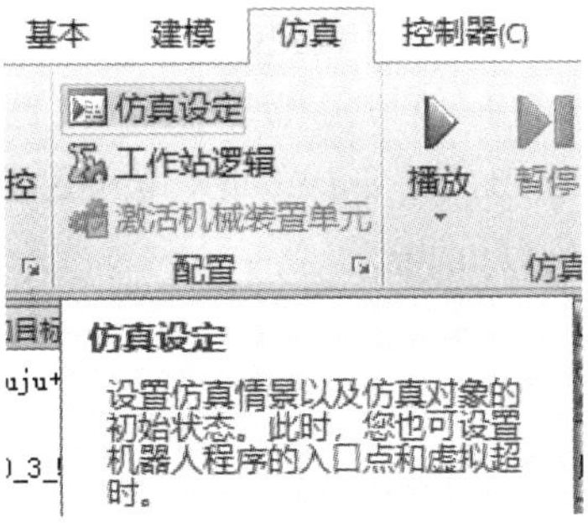 **仿真设定** 设置仿真情景以及仿真对象的初始状态。此时，您也可设置机器人程序的入口点和虚拟超时。
(2) 程序进入点设定。 在"仿真设定"视图中，勾选所有的"Smart 组件"和"控制器"选项，单击任务"T_ROB1"，在右侧"进入点"选择路径"ZP_DJ"	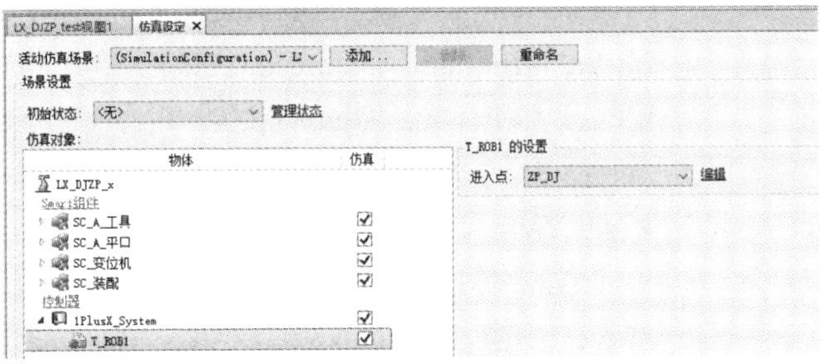
(3) 播放仿真。 单击"仿真"→"重置"→"初始"→"仿真录像"→"播放"，在工作站视图中观察机器人运动轨迹	
(4) 保存仿真视频。 单击"文件"→"选项"→"屏幕录像机"，在视频存放"位置"拷贝仿真动画	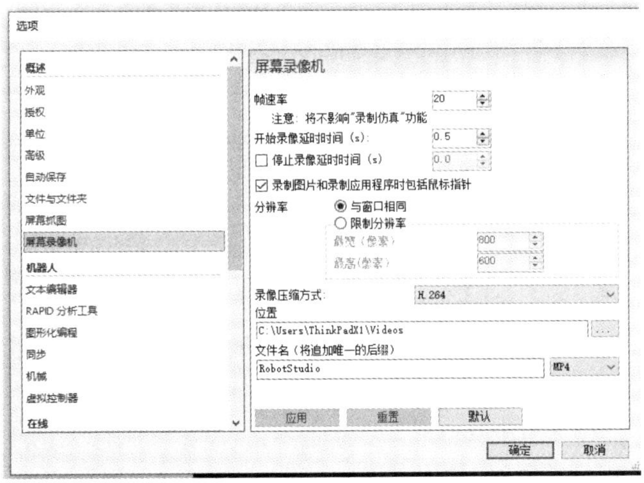

拓展知识

1. 其他组件的使用(Expression 组件)

联调过程中，为了保证在取工具时仿真的连贯性，装配工作站还使用了 Expression 组件(表达式包括数字字符、圆括号、数学运算符和数学函数)。任何其他字符串被视作变量，作为添加的附加信息。结果将显示在 Result 框中，可实现控制多个数字信号。Expression 组件的属性如表 5-1 所示。

表 5-1　Expression 组件的属性

属　性	说　明
Expression	指定要计算的表达式
Result	显示输出的结果

2. 偏移指令——Offset 函数和 Reltool 函数

装配工作站在仿真过程中用到了 Offset 函数和 Reltool 函数，Offset 函数是基于工件坐标系下的平移，Reltool 函数可以让机器人实现平移的同时进行旋转(或者只旋转不平移)。

Offset 函数的语法为：

MoveL Offset(P1, Dx, Dy, Dz)

P1 为目标基准点；Dx、Dy、Dz 是分别以 P1 为基准，沿着工具坐标系方向的偏移。

Reltool 函数语法为：

MoveL ReltooL(P1, Dx\R$x$, Dy\R$y$, Dz\R$z$)

P1 为目标基准点；Dx、Dy、Dz 是分别以 P1 为基准，沿着工具坐标系方向的偏移；Rx、Ry、Rz 分别为围绕工具坐标系的旋转角度。

学 习 检 测

一、知识检测

简答题

1. 示教点位的方式有几种？
2. 简述电机的装配流程。
3. 变位机旋转 20°，电机外壳的装配如何实现？

二、技能检测

按照表 5-2 进行"装配工作站仿真"相关技能学习检测。

表 5-2　装配工作站仿真学习检测

任　务	要　　求	评分细则	分值	评分
工作站合理布局	能够正确进行搬运工作站的合理布局	(1) 理解任务内容 (2) 任务操作正确	10	
变位机和气缸机械装置创建	(1) 变位机机械装置创建 (2) 气缸机械装置创建	(1) 理解概念和任务 (2) 任务操作正确	20	
Smart 组件创建	能正确使用组件,并进行属性和 I/O 连接设置	(1) 理解任务内容 (2) 任务操作正确	30	
装配轨迹离线编程调试	(1) 能准确出库 (2) 装配完成后能完整入库 	(1) 理解任务内容 (2) 任务操作正确	30	
装配工作站仿真运行	能正确设置仿真逻辑和进行仿真操作	(1) 理解任务内容 (2) 任务操作正确	10	

项目六

喷涂工作站离线编程与仿真

项目引入

从21世纪90年代开始，汽车工业引入了喷涂机器人，并使其迅速扩展到各个行业。目前喷涂机器人应用较为广泛的主要包括汽车、家具、3C、家电、工艺品、家装等制造领域。在汽车制造行业中，喷涂机器人可以减少涂料以及辅料的消耗，从而显著降低涂装成本。

本项目将学习工业机器人喷涂工作站的理论知识和操作技能，学习过程将以操作学习为主，理论学习为辅，学习内容包括喷涂工作站布局、喷涂 Smart 组件创建和设计、喷涂路径规划、喷涂离线编程与调试等。

知识目标

(1) 掌握涂漆动画仿真原理；
(2) 熟悉喷涂工作站 Smart 组件的设计原理；
(3) 掌握喷涂路径的设计原理和编程指令；
(4) 明晰喷涂工作站的仿真逻辑。

能力目标

(1) 掌握对喷涂工作站进行布局；
(2) 熟悉喷涂 Smart 组件的创建、设计和测试方法；
(3) 掌握喷涂路径离线编程与调试方法；
(4) 熟悉喷涂工作站的仿真逻辑设定和运行方法。

项目描述

喷涂工作站由机器人工作平台、ABB IRB 120 机器人、变位机、喷涂模块、喷涂汽车模型和喷涂工具组成，如图 6-1 所示。喷涂工作站通过 PaintApplicator 组件模拟喷涂红色漆料效果，同时编写 RAPID 离线程序，完成喷涂工具对汽车模型喷漆的任务。

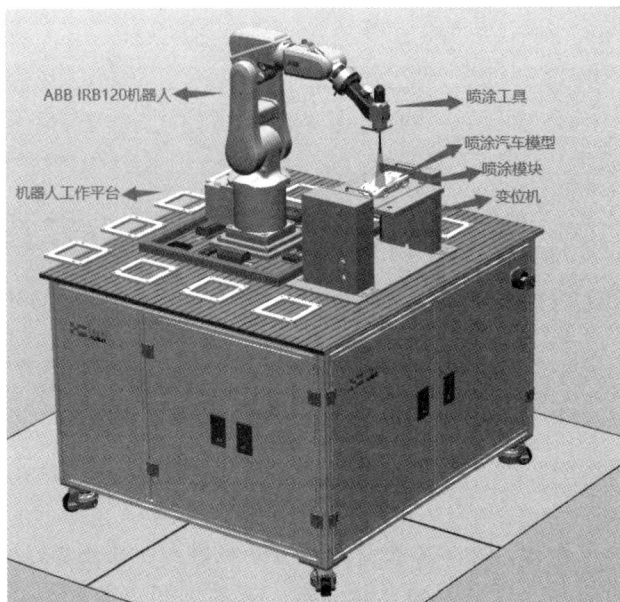

图 6-1　喷涂工作站组成

⚙ 项目实施

任务 6.1　喷涂工作站的布局

---

1. 喷涂工作站模型导入

喷涂工作站模型导入的操作步骤如下。

操 作 步 骤	示　意　图
(1) 创建工作站。 打开 RobotStudio 软件,单击"文件"→"新建"→"空工作站"菜单命令,并单击"创建"按钮	

操作步骤	示意图
（2）导入喷涂工作站四个几何体模型。 ① 单击"基本"→"导入几何体"→"浏览几何体…"。	
② 根据模型所在的文件路径，选择"变位机模块.stp""机器人工作桌台.STEP""喷涂模块.stp""喷涂汽车模型.stp"四个几何体模型，将模型加载到工作站中	名称　修改日期　类型 变位机模块.stp　2022/9/5 11:58　STP 文件 机器人工作桌台.STEP　2022/9/5 11:58　STEP 文件 喷涂模块.stp　2022/9/5 11:58　STP 文件 喷涂汽车模型.stp　2022/9/5 11:59　STP 文件

2. 机器人及工具模型导入

机器人及喷涂工具模型导入的操作步骤如下。

操作步骤	示意图
（1）导入 IRB 120 机器人。 ① 在"基本"选项卡中，单击"ABB 模型库"，选择"IRB 120"。	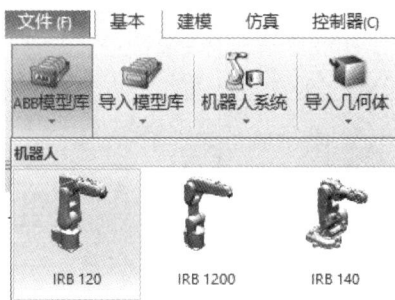
② 选择工业机器人的默认版本，单击"确定"。	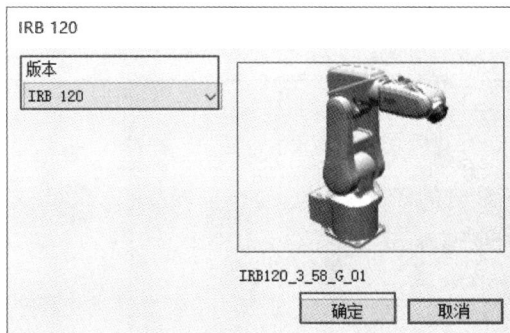

③ 如右图所示，IRB 120 工业机器人被加载到工作站中	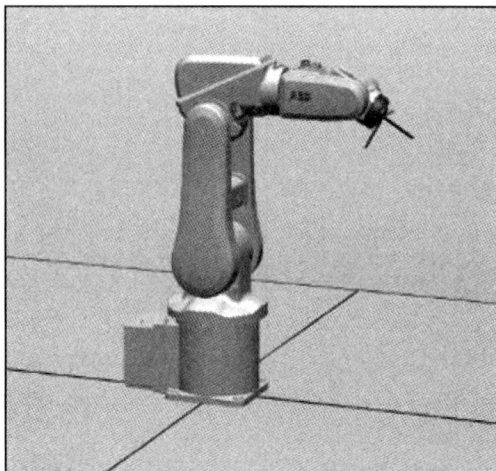
(2) 导入喷涂工具。 单击"基本"→"导入模型库"→"设备"，在"工具"中选择工具"ECCO 70AS 03"	
(3) 安装喷涂工具。 ① 在"布局"选项卡中，选中"ECCO_70AS_03"工具，按住鼠标左键不放，将其拖动到"IRB120_3_58_01"上，松开鼠标。	
② 在弹出的"更新位置"对话框中，单击"是"	

3. 喷涂工作站布局

对喷涂工作站布局的具体操作如下。

操 作 步 骤	示 意 图
(1) 右键单击"喷涂汽车模型"，在弹出的菜单中，选择"位置"→"设定位置"选项	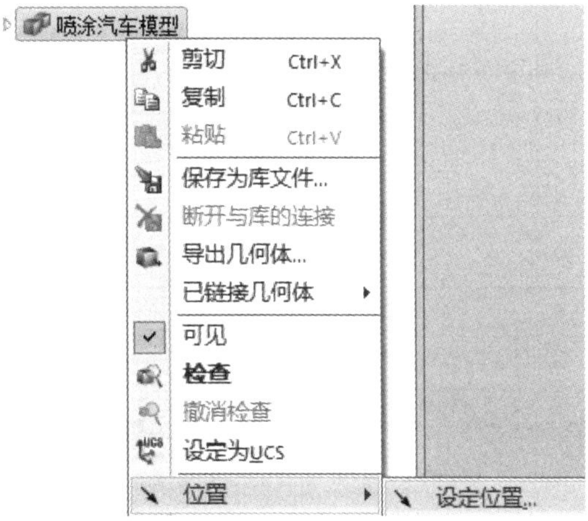
(2) 选择"参考"为默认的"大地坐标"，在"位置 X、Y、Z(mm)"和"方向(deg)"的数据框中输入右图所示数据，再单击"应用"，即可设定喷涂汽车模型的位置。采用同样方法，布局工作站其他模型的位置和方向数据，具体数据参考表 6-1	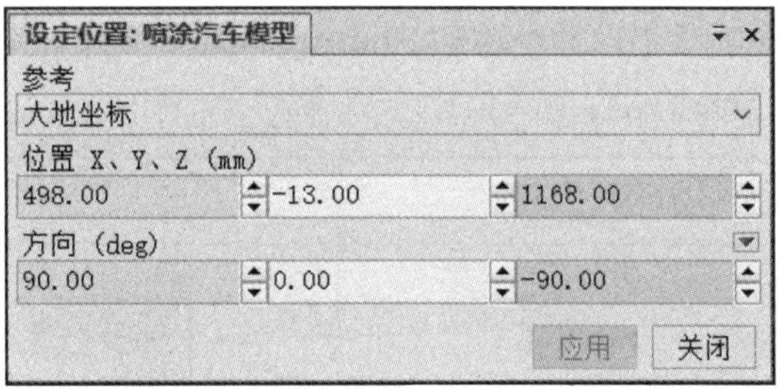
(3) 完成上述操作后，工业机器人喷涂工作站的布局效果如右图所示	

工业机器人喷涂工作站各模块的位置和方向数据如表 6-1 所示。

表 6-1   工业机器人工作站布局位置和方向数据

序号	对　　象	位置 X、Y、Z 和方向(Deg)	参考坐标系
1	IRB120 工业机器人	[0，0，930，0，0，0]	大地坐标
2	工业机器人工作桌台	[0，0，930，0，0，0]	大地坐标
3	变位机模块	[480，-160，1050，90，0，90]	大地坐标
4	喷涂模块	[793，32，1150，90，0，-90]	大地坐标
5	喷涂汽车模型	[498，-13，1168，90，0，-90]	大地坐标

任务 6.2   喷涂动画组件的创建与设计

1. 动态喷涂 Smart 组件创建

在喷涂工作站中添加 PaintApplicator(涂漆)、LogicGate(逻辑门)、LogicSRLatch(置位复位)等 Smart 组件的具体操作步骤如下。

操　作　步　骤	示　意　图
(1) 创建动态喷涂 Smart 组件。 单击"建模"→"Smart 组件",可以新建一个 Smart 组件,右键单击该组件,将其重命名为"SC_Paint"	

(2) 添加涂漆动画组件。 单击"添加组件"，选择"其他"组件列表中的涂漆组件"PaintApplicator"	添加组件　最近使用过的 **PaintApplicator** Applies paint to a part **LogicGate**　进行数字信号的逻辑运算　　**TraceTCP**　开启/关闭机器人的TCP跟踪 **Rotator**　按照指定的速度，对象绕着轴旋转　　**SimulationEvents**　仿真开始和停止时发出的脉冲信号 **PoseMover**　运动机械装置关节到一个已定义的姿态　　**LightControl**　控制光源 **Detacher**　拆除一个已安装的对象　　**MarkupControl**　控制一个圈形标记 **Attacher**　安装一个对象　　ColorTable 信号和属性　▶　**DataTable**　Stores a list of objects 参数建模 传感器　▶ 动作　▶　**PaintApplicator**　Applies paint to a part 本体　▶ 控制器　▶ 物理　▶ 其它　▶
(3) 设置涂漆动画组件属性。 在"属性：PaintApplicator"设置界面，"Part"选择"喷涂汽车模型"，"Color"选择"红色"。其他参数设定如右图所示，设置完成后单击"应用"	属性: PaintApplicator　▾ × **属性**　⊟ Part 喷涂汽车模型　　▾ Color ▓▓▓▓▓▓▓▓▓▓▓▓▓ ☑ ShowPreviewCone Strength 1.00 Range (mm) 200.00 Width (mm) 20.00 Height (mm) 20 **信号**　⊟ Enabled　　⓪ Clear 应用　关闭
(4) 安装涂漆动画组件。 ① 选中"PaintApplicator"子组件，按住鼠标左键不放，将其拖动到"ECCO_70AS__03"工具上，松开鼠标。	物理　布局　标记 🛠 [未保存工作站]* 　机械装置 　▷ 🛠 ECCO_70AS__03 　▷ 🛠 IRB120_3_58__01 　组件 　◢ 🛠 SC_Paint 　　　🛠 PaintApplicator

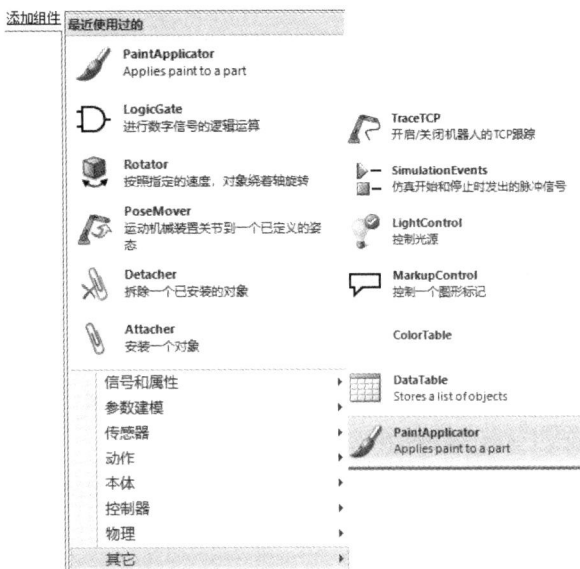

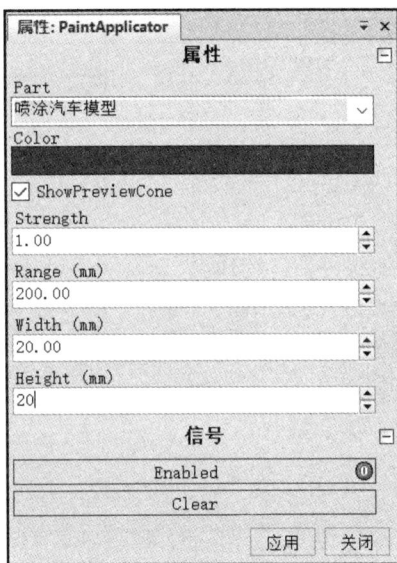

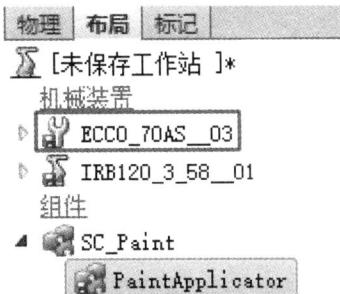

② 在弹出的"选择工具柜架"对话框中，选择"ECCO_70AS__03_0"，单击"确定"	**选择工具柜架** ECCO_70AS__03_0 ECCO_70AS__03_200 ECCO_70AS__03_250 ECCO_70AS__03_300 确定　　取消
(5) 更新涂漆动画组件位置。 在"更新位置"对话框中，单击"是"	**更新位置**　　　✕ ❓ 是否希望更新'PaintApplicator'的位置? 是(Y)　否(N)　取消
(6) 添加非门组件。 单击"添加组件"，选择"信号和属性"列表中的"LogicGate"	**添加组件** 最近使用过的 PaintApplicator Applies paint to a part LogicGate 进行数字信号的逻辑运算 LogicSRLatch 设定·复位·锁定 Detacher 拆除一个已安装的对象 Attacher 安装一个对象 LineSensor 检测是否有任何对象与两点之间的线段相交 信号和属性　▶	LogicGate 进行数字信号的逻辑运算 LogicExpression 评估逻辑表达式 LogicMux 选择一个输入信号 LogicSplit 根据输入信号的状态进行输出信号 LogicSRLatch 设定·复位·锁定 Converter 属性值与属性值之间进行 VectorConverter 转换Vector3和X/Y/Z之间
(7) 设置非门属性。 在"属性: LogicGate[NOT]"界面中，将"Operator"设置为"NOT"，然后单击"应用"	**属性: LogicGate [NOT]**　　✕ **属性** Operator NOT Delay (s) 0.0 **信号** InputA　　⓪ Output　　① 应用　关闭

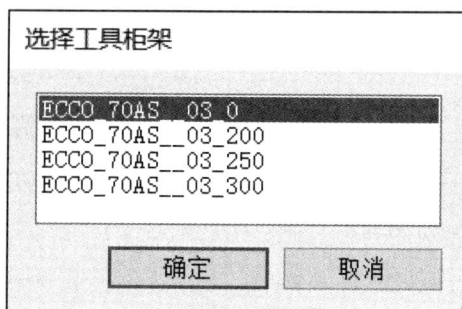

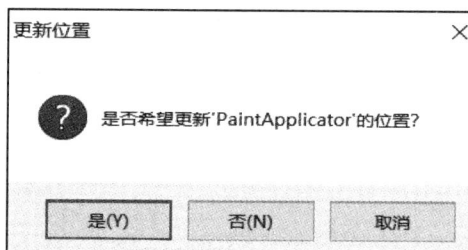

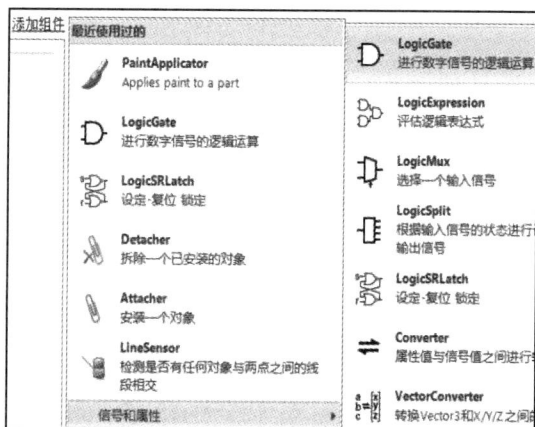

(8) 添加置位和复位组件。 单击"添加组件",选择"信号和属性"列表中的"LogicSRLatch"	
(9) 添加喷涂组件输入信号。 在"信号和连接"选项卡中单击"添加 I/O Signals",在弹出的对应对话框中,"信号类型"选择"DigitalInput","信号名称"输入"DiPaint",其余采用默认设置,单击"确定"	
(10) 添加喷涂组件输出信号。 继续单击"添加 I/O Signals",添加数字输出"DigitalOutput"信号,"信号名称"设置为"DoVacuumOK",单击"确定"	

2. 动态喷涂 Smart 组件设计

通过添加 Smart 组件之间信号连接,依次使能各组件功能,就可生成所需要的仿真动画,其主要动作过程有以下几点:

(1) 喷涂输入信号 DiPaint 使能涂漆组件 PaintApplicator;

(2) 利用逻辑组件 LogicGate 取反喷涂输入信号 DiPaint;

(3) 置位和复位组件 LogicSRLatch,锁定喷涂输入信号 DiPaint 状态;

(4) 置位和复位组件 LogicSRLatch,输出信号传输给喷涂输出信号 DoVacuumOK。

实现上述动作过程的具体操作步骤如下。

操　作　步　骤	示　意　图
(1) 建立喷涂输入信号"DiPaint"和涂漆组件"PaintApplicator"的使能信号连接。 单击"添加 I/O Connection"，在弹出的相应对话框中，"源对象"选择"SC_Paint"，"源信号"选择"DiPaint"，"目标对象"选择"PaintApplicator"，"目标信号或属性"选择"Enabled"，单击"确定"	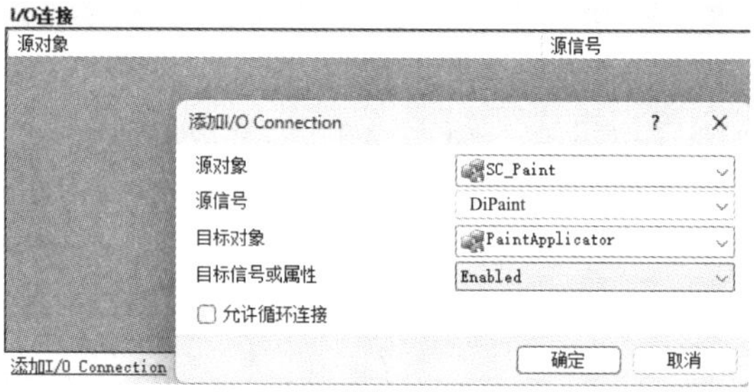 I/O连接 源对象　　　　　　　　　源信号 添加I/O Connection　　？　× 源对象　SC_Paint 源信号　DiPaint 目标对象　PaintApplicator 目标信号或属性　Enabled □允许循环连接 添加I/O Connection　　确定　取消
(2) 建立喷涂输入信号"DiPaint"和"LogicSRLatch"的置位输入连接。 继续单击"添加 I/O Connection"，在弹出的相应对话框中，将"源对象""源信号"目标对象"和"目标信号或属性"按照右图进行设置，完成后单击"确定"	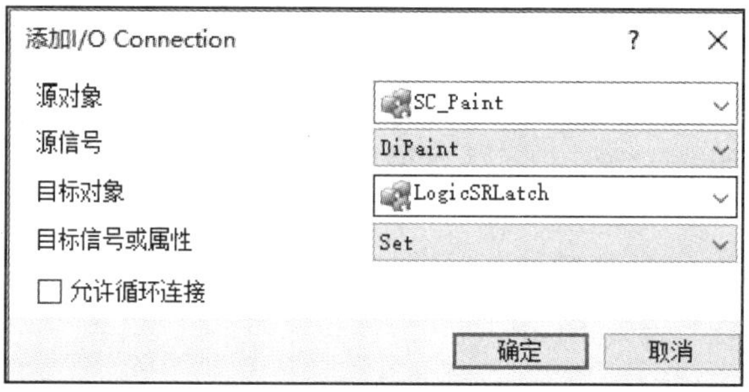 添加I/O Connection　　？　× 源对象　SC_Paint 源信号　DiPaint 目标对象　LogicSRLatch 目标信号或属性　Set □允许循环连接 确定　取消
(3) 建立喷涂输入信号"DiPaint"和"LogicGate"的输入连接。 继续单击"添加 I/O Connection"，在弹出的相应对话框中，将"源对象""源信号"目标对象"和"目标信号或属性"按照右图进行设置	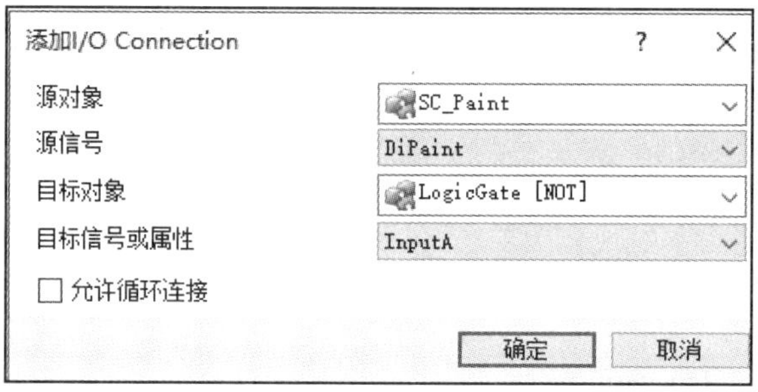 添加I/O Connection　　？　× 源对象　SC_Paint 源信号　DiPaint 目标对象　LogicGate [NOT] 目标信号或属性　InputA □允许循环连接 确定　取消
(4) 建立"LogicGate"输出和"LogicSRLatch"的复位输入连接。 继续单击"添加 I/O Connection"，在弹出的相应对话框中，将"源对象""源信号""目标对象"和"目标信号或属性"按照右图进行设置，完成后单击"确定"	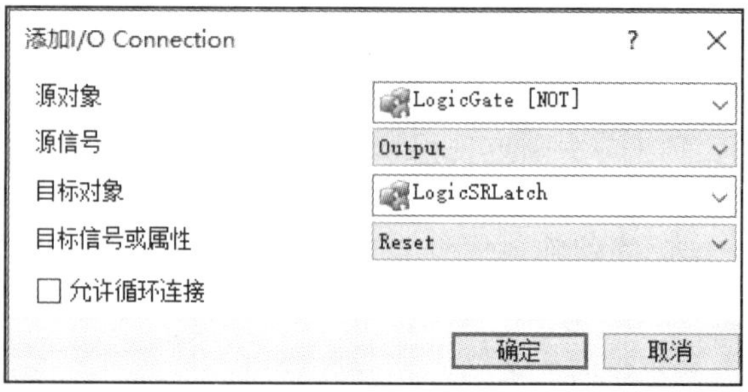 添加I/O Connection　　？　× 源对象　LogicGate [NOT] 源信号　Output 目标对象　LogicSRLatch 目标信号或属性　Reset □允许循环连接 确定　取消

操　作　步　骤	示　意　图
（5）建立"LogicSRLatch"输出和喷涂输出信号"DoVacuumOK"的连接。 　　继续单击"添加 I/O Connection"，在弹出的相应的对话框中，将"源对象""源信号""目标对象"和"目标信号或属性"按照右图进行设置，完成后单击"确定"	添加I/O Connection　　　　　　？　× 源对象　　　　　LogicSRLatch 源信号　　　　　Output 目标对象　　　　SC_Paint 目标信号或属性　DoVacuumOK □ 允许循环连接 　　　　　　　　　确定　　取消

I/O 信号连接完成后，Smart 组件的 I/O 连接和可视化设计图分别如图 6-2 和图 6-3 所示。

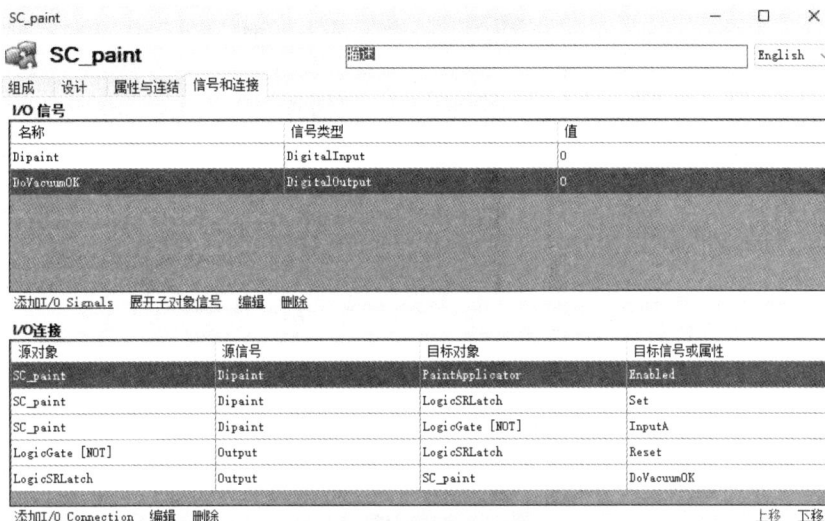

图 6-2　Smart 组件 I/O 连接

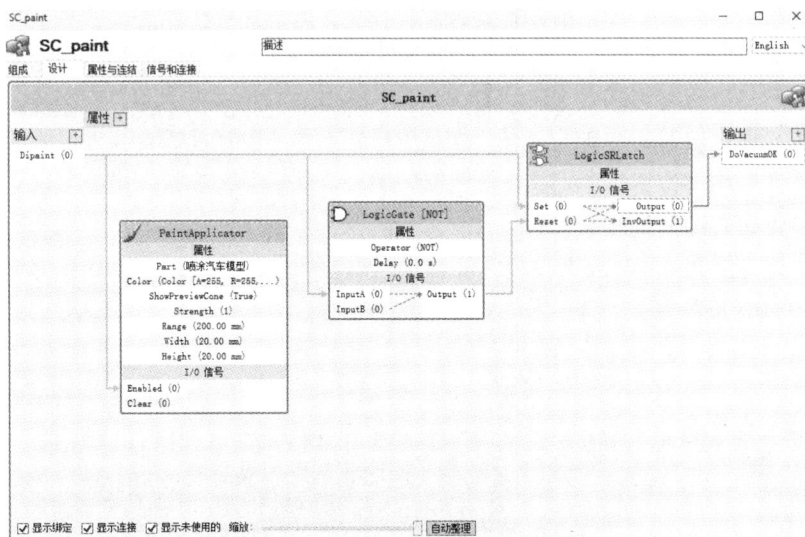

图 6-3　Smart 组件可视化设计图

任务 6.3   喷涂轨迹离线编程与调试

1. 喷涂工作站系统的创建

创建喷涂工作站系统的操作步骤如下。

操 作 步 骤	示 意 图
(1) 创建工作站系统。 单击"基本"→"机器人系统"→"从布局…"	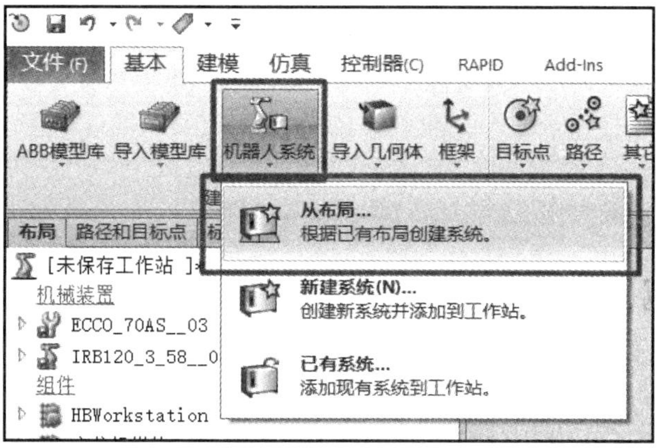
(2) 设置控制系统名称和保存位置。 在"系统名字和位置"界面中，将"名称"和"位置"的文本框设置成如右图的控制系统名称和位置，在"RobotWare"中选择"6.08.01.00"，单击"下一个"	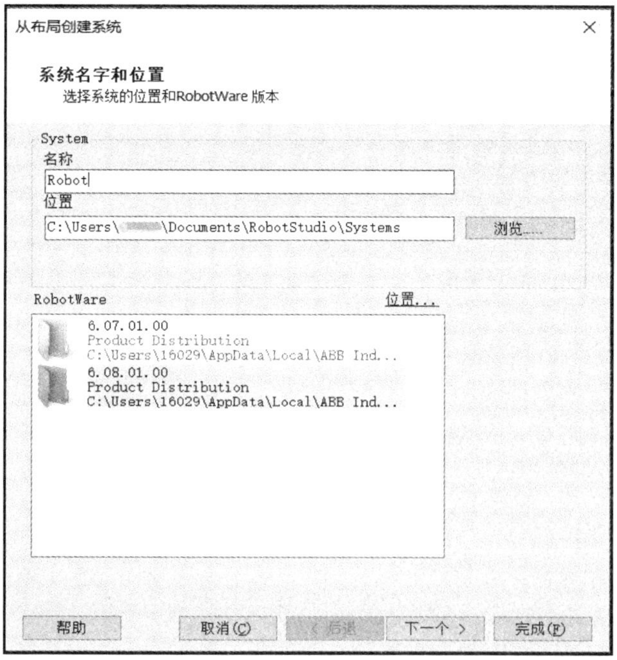

操 作 步 骤	示　意　图
(3) 选择机械装置。 在"选择系统的机械装置"界面中，勾选"IRB120_3_58_01"机械装置，单击"下一个"	从布局创建系统　✕ **选择系统的机械装置** 选择机械装置作为系统的一部分 机械装置 ☑ IRB120_3_58__01 帮助　取消(C)　＜后退　下一个▶　完成(F)
(4) 设置完成。 在"系统选项"界面中，单击"选项"，可根据实际需要对默认语言、工业网络、通信等进行设置，设置完成后单击"完成"按钮，即可实现工业机器人虚拟控制系统的创建	从布局创建系统　✕ **系统选项** 配置系统参数 编辑 选项...　任务框架对齐对象(T)： ☑ IRB120_3_58__01 概况 系统名称：RobotPaint 正在使用媒体： 　媒体 　　名称：ABB Robotware 　　版本：6.08.1040 选项 　RobotWare Base 　Chinese 　Drive System IRB 120/140/260/360/910SC/1200/1400/1520/1600/1660ID 　ADU-790A in position X3 　ADU-790A in position Y3 　ADU-790A in position Z3 　Axis Calibration 　IRB 120-3/0.6 帮助　取消(C)　＜后退　　　完成(F)

2. 喷涂目标点与创建路径

喷涂目标点与创建路径的具体步骤如下。

操 作 步 骤	示　意　图
(1) 选择喷涂工具。 在"设置"界面中，选择工具"ECCO_70AS_03_0"，其他参数选择默认即可	任务　T_ROB1(Robot)　▼ 工件坐标　wobj0　▼ 工具　ECCO_70AS_03_0　▼ 设置

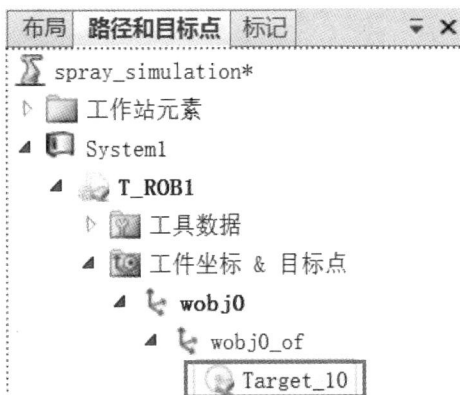

(2) 移动机器人到第一喷涂目标点。 单击"手动线性" 🔧 功能，移动工业机器人到"第一喷涂点"位置(车模型的一端)	
(3) 示教第一喷涂目标点。 在"基本"选项卡中单击"示教目标点"，生成"Target_10"目标点	
(4) 移动机器人到第二喷涂目标点。 重复步骤(2)，移动工业机器人到"第二喷涂点"的位置(车模型的另一端)	

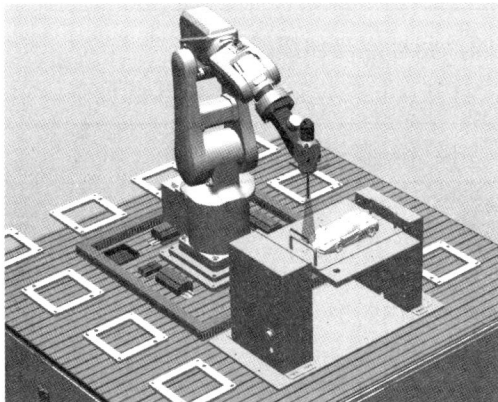

操作步骤	示意图
(5) 示教第二喷涂目标点。 在"基本"选项卡中单击"示教目标点"，生成"Target_20"目标点	
(6) 添加路径。 右键单击"Target_10"和"Target_20"两个目标点，在弹出的列表中选择"添加新路径"	

3. 喷涂轨迹程序编写

编写喷涂轨迹程序的具体操作步骤如下。

操作步骤	示意图
(1) 将工作站信息同步到控制器。 单击"同步"→"同步到RAPID…"	

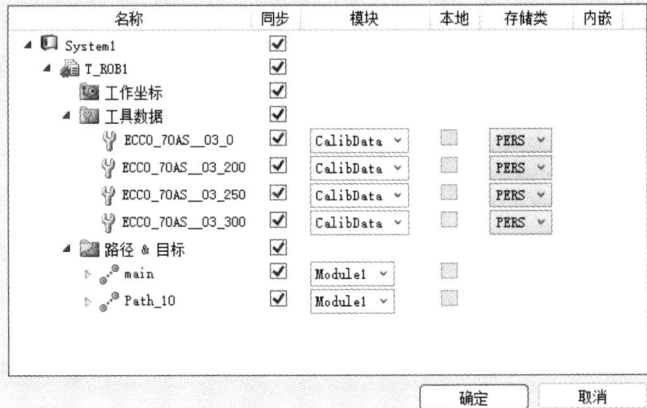

(2) 选择同步内容。 勾选所有"同步"内容，单击"确定"	
(3) 查看 RAPID 程序。 在"控制器"选项卡中，依次展开"RAPID"→"Module1"，双击"Module1"	
(4) 删除自带解释行。 在编写程序界面中，选中右图中的解释语句行，按"Delete"键删除	

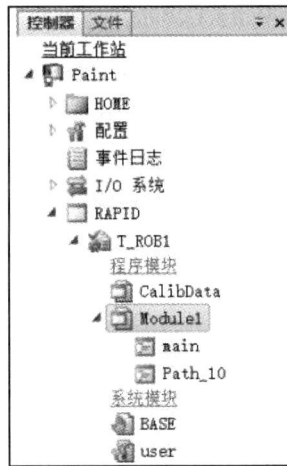

（5）主程序中添加循环语句。 　　输入"FOR"循环指令，循环变量为"i"，上限为"1"，下限为"10"。变量将从 1 至 10 循环 10 次，并添加"MoveL"直线运动指令	``` 1 MODULE Module1 2 ⊞ 数据声明 5 6 PROC main() 7 ⊟ FOR i FROM 1 TO 10 DO 8 MoveL Target_10,v200,fine,ECCO_70AS__03_0\WObj:=wobj0; 9 MoveL Target_20,v200,fine,ECCO_70AS__03_0\WObj:=wobj0; 10 ENDFOR 11 ENDPROC 12 13 ⊞ PROC Path_10 18 ENDMODULE ```
（6）添加偏移指令。 　　输入"Offs"偏移指令，"Target_10"和"Target_20"沿 X 正方向偏移，每次偏移距离为"10 mm"，其他方向偏移为"0"	``` 1 MODULE Module1 2 ⊞ 数据声明 5 6 ⊟ PROC main() 7 FOR i FROM 1 TO 10 DO 8 MoveL offs(Target_10,(i-1)*10,0,0),v200,fine,ECCO_70AS__03_0\WObj:=wobj0; 9 MoveL offs(Target_20,(i-1)*10,0,0),v200,fine,ECCO_70AS__03_0\WObj:=wobj0; 10 ENDFOR 11 ENDPROC 12 13 ⊞ PROC Path_10 18 ENDMODULE ```
（7）添加复位置位和等待复位置位指令。 　　在"FOR"循环结构上面输入"Reset"指令，对喷涂 I/O 信号复位。输入"WaitDI DiVacuum OK, 0"指令，等待信号复位完成。在"FOR"循环结构里面输入"Set"指令，开启喷涂 I/O 信号。输入"WaitDI DiVacuumOK,1"指令，等待信号开启完成	``` 1 MODULE Module1 2 ⊞ 数据声明 5 6 PROC main() 7 Reset Dopaint; 8 WaitDI DiVacuumOK,0; 9 FOR i FROM 1 TO 10 DO 10 Set Dopaint; 11 WaitDI DiVacuumOK,1; 12 MoveL offs(Target_10,(i-1)*10,0,0),v200,fine,ECCO_70AS__03_0\WObj:=wobj0; 13 MoveL offs(Target_20,(i-1)*10,0,0),v200,fine,ECCO_70AS__03_0\WObj:=wobj0; 14 ENDFOR 15 ENDPROC 16 17 ⊞ PROC Path_10 22 ENDMODULE ```

| (8) 添加条件指令。<br>输入"IF 指令"，当"i=10"时，喷涂信号关闭，同时工业机器人回到相对安全位置 | ```
6   PROC main()
7       Reset Dopaint;
8       WaitDI DiVacuumOK,0;
9       FOR i FROM 1 TO 10 DO
10          Set Dopaint;
11          WaitDI DiVacuumOK,1;
12          MoveL offs(Target_10,(i-1)*10,0,0),v200,fine,ECCO_70AS__03_0\WObj:=wobj0;
13          MoveL offs(Target_20,(i-1)*10,0,0),v200,fine,ECCO_70AS__03_0\WObj:=wobj0;
14          IF i=10 THEN
15              Reset Dopaint;
16              WaitDI DiVacuumOK,0;
17              MoveL offs(Target_10,0,0,30),v200,fine,ECCO_70AS__03_0\WObj:=wobj0;
18              MoveL offs(Target_20,0,0,30),v200,fine,ECCO_70AS__03_0\WObj:=wobj0;
19          ENDIF
20      ENDFOR
21  ENDPROC
``` |
(9) RAPID 程序同步到工作站。 单击"同步"→"同步到工作站…"	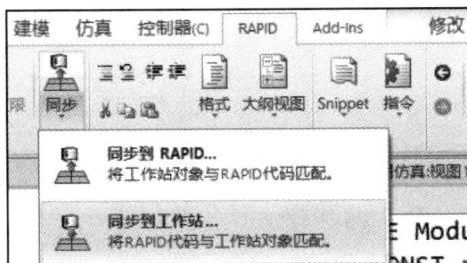
(10) 选择同步内容。 勾选全部"同步"内容，单击"确定"	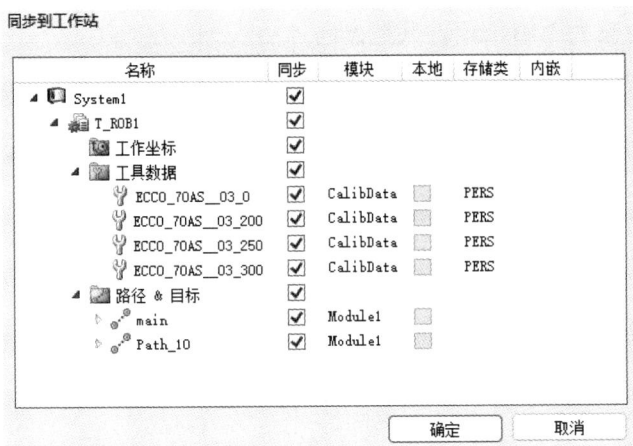
(11) 设置程序仿真进入点。 勾选"Smart 组件"和"控制器"选项，单击任务"T_ROB1"，在右侧"进入点"内选择路径"main"	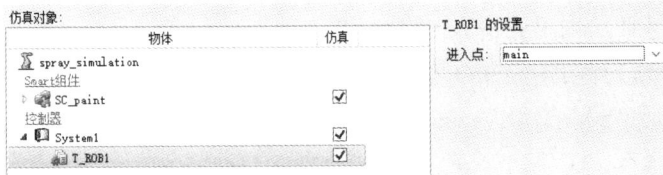
```

任务 6.4　　喷涂工作站仿真运行

1. 工作站逻辑设定

将 Smart 组件的输入/输出信号与工业机器人端的输入/输出信号做信号关联，具体操作步骤如下。

操 作 步 骤	示 意 图
(1) 选择控制器 I/O System。 单击"配置"→"I/O System"	
(2) 新建输出信号。 ① 在"配置-I/O System"界面中，右键单击"Signal"，然后单击"新建 Signal…"。	
② 在"实例编辑器"界面中，将"Name"设置为"DoPaint"，"Type of Signal"信号类型选择为"Digital Output"，其他设置默认不变，单击"确定"	

(3) 新建输入信号。 重复步骤(2)，新建名称为"DiVacuumOK"的数字输入信号，其他设置默认不变，单击"确定"	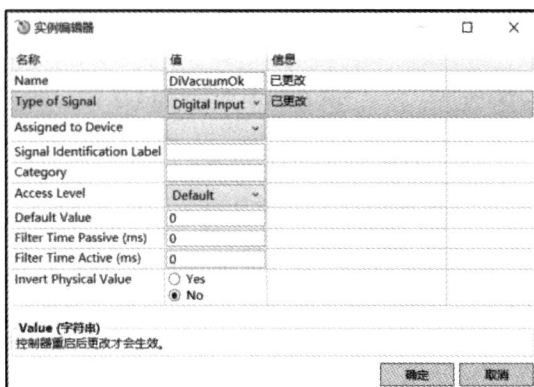
(4) 重启控制系统。 ① 单击"重启"→"重启动(热启动)(R)"。	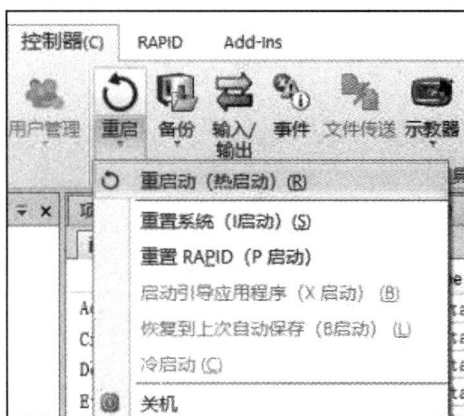
② 在弹出的对话框中单击"确定"，重启控制系统	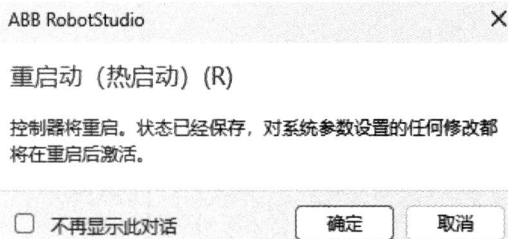
(5) 设定工作站逻辑。 在"仿真"选项卡中，单击"工作站逻辑"	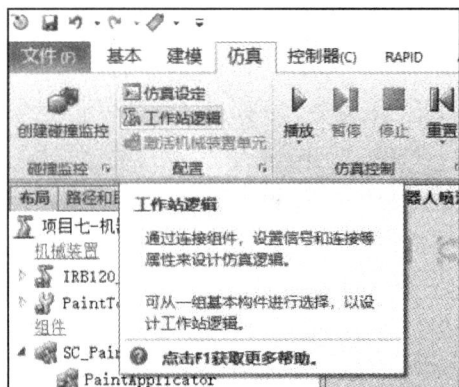

(6) 建立喷涂组件输出信号和控制器输入信号连接。 单击"添加 I/O Connection"。按照右图设置"源对象""源信号""目标对象"和"目标信号或属性"的参数	**I/O连接** 源对象 添加I/O Connection **添加I/O Connection** ? × 源对象 SC_Paint 源信号 DoVacuumOK 目标对象 robot 目标信号或属性 DiVacuumOK □ 允许循环连接 确定 取消
(7) 建立控制器输出信号和喷涂组件输入信号连接。 继续单击"添加 I/O Connection"。按照右图设置"源对象""源信号""目标对象"和"目标信号或属性"的参数	**添加I/O Connection** ? × 源对象 robot 源信号 DoPaint 目标对象 SC_Paint 目标信号或属性 Dipaint □ 允许循环连接 确定 取消

工作站逻辑设定完成后，喷涂工作站仿真逻辑如图 6-4 所示。

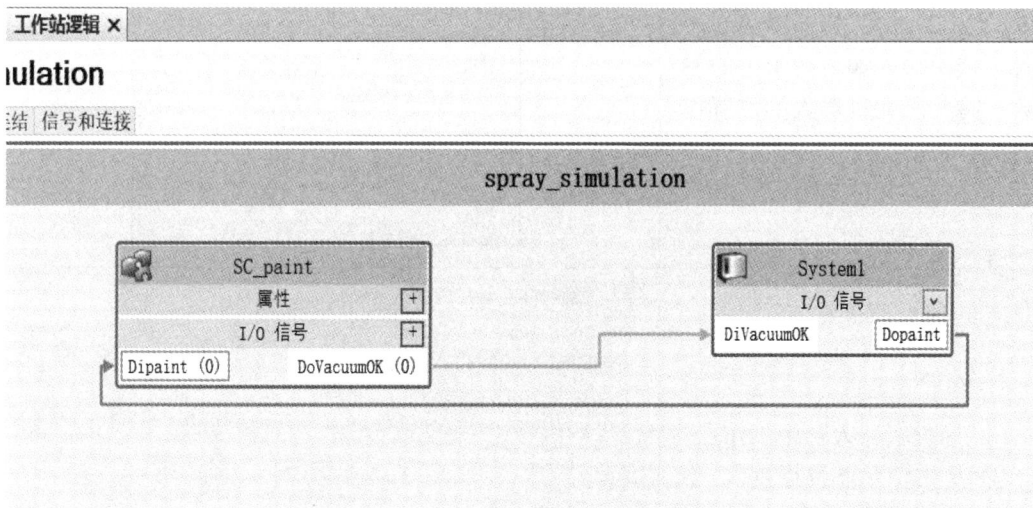

图 6-4 喷涂工作站仿真逻辑

2. 喷涂程序调试与运行

对喷涂程序进行调试与运行的具体操作如下。

操 作 步 骤	示 意 图
(1) 设定机器人初始工作点。 ① 在"布局"选项卡中，右键单击"IRB120_3_58-01"，在弹出的列表中选择"机械装置手动关节"。	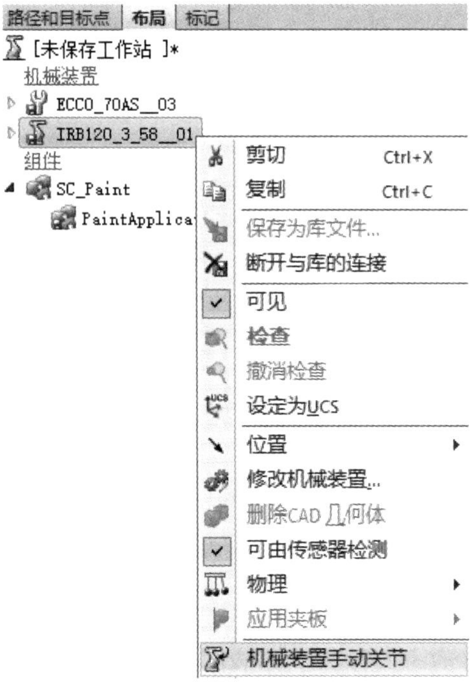 **路径和目标点　布局　标记** 🤖 [未保存工作站]* 　机械装置 　▷ 🔧 ECCO_70AS__03 　▷ 🤖 IRB120_3_58__01 　组件 　◢ 💠 SC_Paint 　　💠 PaintApplica ✂ 剪切　　　　　Ctrl+X 📋 复制　　　　　Ctrl+C 　保存为库文件... ✂ 断开与库的连接 ✓ 可见 🔍 检查 🔍 撤消检查 ⬚ 设定为UCS ╲ 位置　　　　　　▶ 🤖 修改机械装置... ◩ 删除CAD几何体 ✓ 可由传感器检测 ♬ 物理　　　　　　▶ 🚩 应用夹板　　　　▶ 🤖 机械装置手动关节
② 将"手动关节运动：IRB120_3_58_"界面中的6个关节依次输入如右图给定的参数，将此工业机器人的位置作为运行初始点位	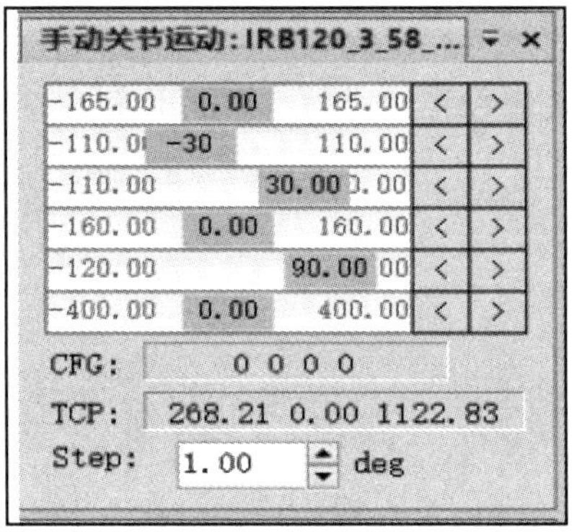 **手动关节运动：IRB120_3_58_...**　▽　× -165.00　0.00　165.00　< >　 -110.0 **-30**　110.00　< >　 -110.00　30.00 0.0　< >　 -160.00　0.00　160.00　< >　 -120.00　90.00 00　< >　 -400.00　0.00　400.00　< >　 CFG:　　　0　0　0　0 TCP:　268.21　0.00　1122.83 Step:　1.00　⬆⬇　deg
(2) 示教机器人初始工作点。 ① 单击"示教目标点"，生成"Target_30"目标点。	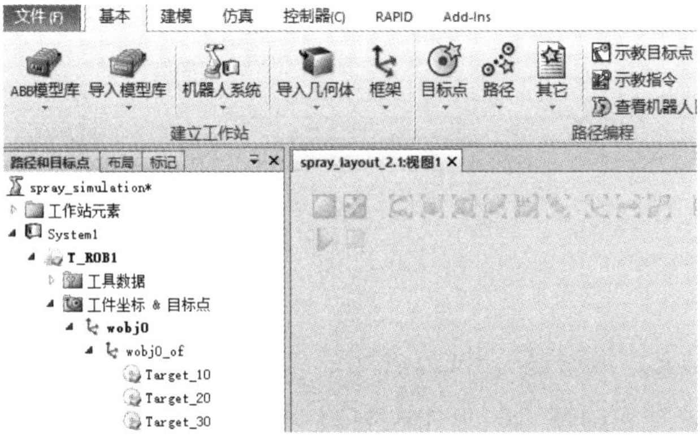 文件(F)　基本　建模　仿真　控制器(C)　RAPID　Add-Ins ABB模型库　导入模型库　机器人系统　导入几何体　框架　目标点　路径　其它　📋示教目标点　📋示教指令　📋查看机器人 建立工作站　　　　　　路径编程 路径和目标点　布局　标记　▽×　spray_layout_2.1:视图1× 🤖 spray_simulation* ▷ 🗂 工作站元素 ◢ 🖥 System1 　◢ 🤖 T_ROB1 　　▷ 🗀 工具数据 　　◢ 🗀 工件坐标 & 目标点 　　　◢ ⊾ wobj0 　　　　◢ ⊾ wobj0_of 　　　　　🎯 Target_10 　　　　　🎯 Target_20 　　　　　🎯 Target_30

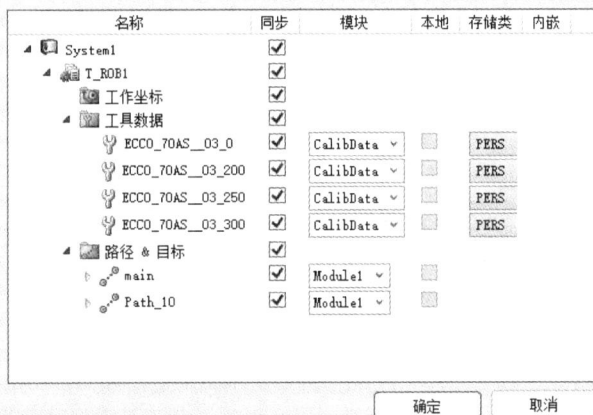

② 右键单击"Target_30"，选择"添加到路径"→"Path_10"→"<第一>"	
(3) 工作站信息同步到RAPID程序。 ① 单击"同步"→"同步到RAPID..."。	
② 在"同步到 RAPID"对话框中，勾选"同步"中所有选项，单击"确定"	
(4) 将机器人初始工作点添加到程序。 添加"Target_30"目标点的运动指令，如右图所示	

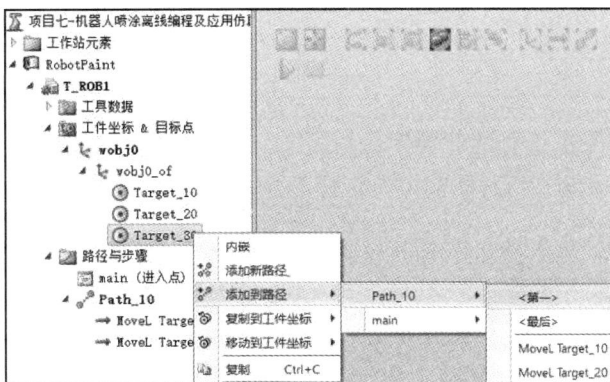

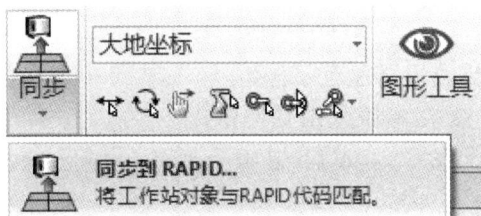

对照图中代码：

```
6    PROC main()
7        Reset Dopaint;
8        WaitDI DiVacuumOK,0;
9        MoveL Target_30,v200,fine,ECCO_70AS__03_0\WObj:=wobj0;
10       FOR i FROM 1 TO 10 DO
11           Set Dopaint;
12           WaitDI DiVacuumOK,1;
13           MoveL offs(Target_10,(i-1)*10,0,0),v200,fine,ECCO_70AS__03_0\WObj:=wobj0;
14           MoveL offs(Target_20,(i-1)*10,0,0),v200,fine,ECCO_70AS__03_0\WObj:=wobj0;
15           IF i=10 THEN
16               Reset Dopaint;
17               WaitDI DiVacuumOK,0;
18               MoveL offs(Target_10,0,0,30),v200,fine,ECCO_70AS__03_0\WObj:=wobj0;
19               MoveL offs(Target_20,0,0,30),v200,fine,ECCO_70AS__03_0\WObj:=wobj0;
20               MoveL Target_30,v200,fine,ECCO_70AS__03_0\WObj:=wobj0;
21           ENDIF
22       ENDFOR
23   ENDPROC
```

(5) 选择"替换"命令。 单击"查找/替换",选择"替换"	
(6) 更改机器人运行速度。 在"查找/替换"对话框中,"请查找"文本框中输入"v200","用以下代替"中输入"v300",单击"替换全部"	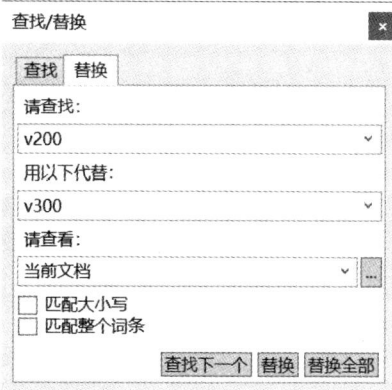
| (7) 添加等待时间指令。<br>如右图所示,输入"WaitTime 1"指令 | ```
6  PROC main()
7      Reset Dopaint;
8      WaitDI DiVacuumOK,0;
9      WaitTime 1;
10     MoveL Target_30,v200,fine,ECCO_70AS__03_0\WObj:=wobj0;
11     FOR i FROM 1 TO 10 DO
12         Set Dopaint;
13         WaitDI DiVacuumOK,1;
14         MoveL offs(Target_10,(i-1)*10,0,0),v200,fine,ECCO_70AS__03_0\WObj:=wobj0;
15         MoveL offs(Target_20,(i-1)*10,0,0),v200,fine,ECCO_70AS__03_0\WObj:=wobj0;
16         IF i=10 THEN
17             Reset Dopaint;
18             WaitDI DiVacuumOK,0;
19             MoveL offs(Target_10,0,0,30),v200,fine,ECCO_70AS__03_0\WObj:=wobj0;
20             MoveL offs(Target_20,0,0,30),v200,fine,ECCO_70AS__03_0\WObj:=wobj0;
21             MoveL Target_30,v200,fine,ECCO_70AS__03_0\WObj:=wobj0;
22         ENDIF
23     ENDFOR
24 ENDPROC
25
``` |
| (8) 更改循环次数。<br>根据仿真运行分析得出,工业机器人喷涂车模型表面所需循环的次数应为 7 次。因此,将 FOR 循环次数更改为"7",如右图所示 | ```
6  PROC main()
7      Reset Dopaint;
8      WaitDI DiVacuumOK,0;
9      WaitTime 1;
10     MoveL Target_30,v200,fine,ECCO_70AS__03_0\WObj:=wobj0;
11     FOR i FROM 1 TO 7 DO
12         Set Dopaint;
13         WaitDI DiVacuumOK,1;
14         MoveL offs(Target_10,(i-1)*10,0,0),v200,fine,ECCO_70AS__03_0\WObj:=wobj0;
15         MoveL offs(Target_20,(i-1)*10,0,0),v200,fine,ECCO_70AS__03_0\WObj:=wobj0;
16         IF i=7 THEN
17             Reset Dopaint;
18             WaitDI DiVacuumOK,0;
19             MoveL offs(Target_10,0,0,30),v200,fine,ECCO_70AS__03_0\WObj:=wobj0;
20             MoveL offs(Target_20,0,0,30),v200,fine,ECCO_70AS__03_0\WObj:=wobj0;
21             MoveL Target_30,v200,fine,ECCO_70AS__03_0\WObj:=wobj0;
22         ENDIF
23     ENDFOR
24 ENDPROC
``` |

(9) 同步到工作站。 单击"同步"→"同步到工作站…"	建模　仿真　控制器(C)　**RAPID**　Add-Ins　修改 限　同步　格式　大纲视图　Snippet　指令 同步到 RAPID… 将工作站对象与RAPID代码匹配。 同步到工作站… 将RAPID代码与工作站对象匹配。
(10) 选择同步内容。 在"同步到工作站"界面中，勾选所有"同步"内容，单击"确定"	同步到工作站 | 名称	同步	模块	本地	存储类	内嵌
---	---	---	---	---	---
System1	☑				
T_ROB1	☑				
工作坐标	☑				
工具数据	☑				
ECCO_70AS__03_0	☑	CalibData		PERS	
ECCO_70AS__03_200	☑	CalibData		PERS	
ECCO_70AS__03_250	☑	CalibData		PERS	
ECCO_70AS__03_300	☑	CalibData		PERS	
路径 & 目标	☑				
main	☑	Module1			
Path_10	☑	Module1				 确定　取消
(11) 开始仿真。 ① 单击"播放"。	播放　暂停　停止　重置　I/O仿真器　TCP跟踪　计时器 播放 开始仿真。这将启动仿真设置中配置的所有RAPID程序、智能组件和物理仿真。
② 完成上述操作，喷涂效果如右图所示	

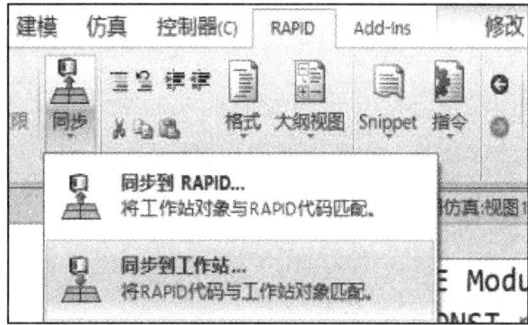

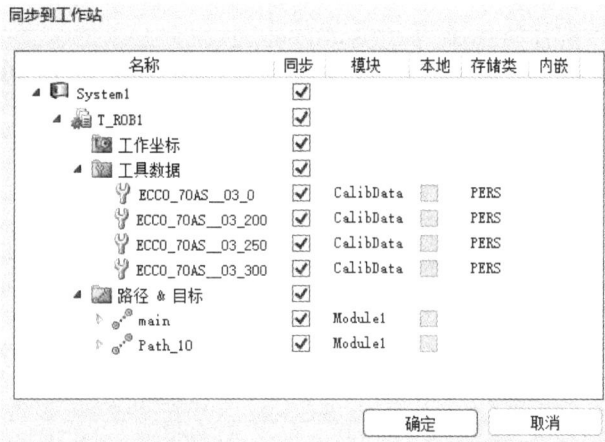

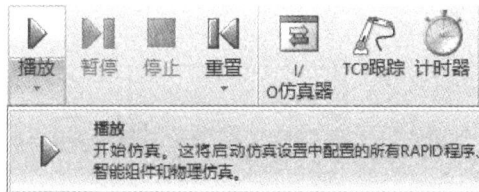

⚙ **拓展知识**

涂漆动画仿真——PaintApplicator 组件

在喷涂仿真工作站中使用了 PaintApplicator 组件，实现了机器人向模型的某一部位涂漆的仿真效果。PaintApplicator 组件的输入信号及功能如表 6-2 所示，其属性与对应的功能如表 6-3 所示。

表 6-2　PaintApplicator 组件的输入信号及功能

输入	功　　能
Enabled	设置为"高"，以在模拟期间启用涂漆功能
Clear	单击该功能，清除被涂模型上的漆

表 6-3　PaintApplicator 组件的属性

属　　性	功　　能	数据类型
Part	待涂漆模型	Part
Color	涂漆颜色	Color
ShowPreviewCone	应显示预览油漆锥时为真	Boolean
Strength	每一时间步添加的油漆量	Double
Range	油漆锥的高度	Double
Width	油漆锥的 X 方向宽度	Double
Height	油漆锥的 Y 方向宽度	Double

学 习 检 测

一、知识检测

填空题

1. 涂漆组件 PaintApplicator 的输入信号是(　　　　)和(　　　　)。

2. 涂漆组件 PaintApplicator 含有 Strength、Range、Width、(　　　　)、(　　　　)等属性。

3. 涂漆组件 PaintApplicator 的属性 Strength 的含义是(　　　　　　)。

4. 涂漆组件 PaintApplicator 的属性 Range 的含义是(　　　　　　)。

5. 涂漆组件 PaintApplicator 的属性 Width 的含义是(　　　　　　　　)。

二、技能检测

可以按照表 6-4 的要求进行喷涂工作站仿真相关技能学习的检测。

表 6-4　喷涂工作站仿真学习检测

任　务	要　求	评分细则	分值	评分
工作站合理布局	能够正确进行搬运工作站的合理布局	(1) 理解任务内容 (2) 任务操作正确	10	
喷涂工具安装	掌握快换工具安装操作步骤	(1) 理解概念和任务 (2) 任务操作正确	20	
Smart 组件创建	能正确创建 PaintApplicator 组件，并进行属性和 I/O 连接设置	(1) 理解任务内容 (2) 任务操作正确	30	
喷涂轨迹离线编程调试	(1) 能正确示教喷涂关键目标点 (2) 熟练编写喷涂 RAPID 程序	(1) 理解任务内容 (2) 任务操作正确	30	
喷涂工作站仿真运行	能正确设置仿真逻辑和进行仿真操作	(1) 理解任务内容 (2) 任务操作正确	10	

项目七

写字工作站离线编程与在线调试

项目引入

斜面写字工作站主要由工业机器人、主盘工具、绘图笔工具、快换装置模块和斜面绘图模块组成。本项目通过认识斜面写字工作站的模块，了解工件坐标系和工具坐标系的基本概念，进而完成斜面写字工作站中各个模块的导入与布局学习内容，包括采用三点法定义工件坐标系、坐标定义旋转绘图模块等，最终实现在绘图模块上倾斜完成"木"字书写的仿真实现。同时，通过实操联机现场设备，掌握软件与现场设备互联的编程调试方法，实现工业机器人在工件上书写"木"字。

知识目标

(1) 了解工件坐标系的创建原理；
(2) 掌握写字路径的设计原理和编程指令；
(3) 熟悉写字工作站的仿真逻辑。

能力目标

(1) 掌握写字工作站的布局方法；
(2) 熟悉写字流程的设计和测试方法；
(3) 掌握写字路径自动生成与调试方法；
(4) 掌握工件坐标系和工具坐标系的创建方法；
(5) 熟悉写字工作站的仿真运行方法。

项目描述

本项目的主要任务是通过离线编程实现文字的书写，随后建立 RobotStudio 与机器人的连接，实现从虚拟仿真到实操验证。

项目实施

任务 7.1　　写字工作站的布局

写字工作站的布局操作步骤如下。

操　作　步　骤	示　意　图
(1) 创建工作站。 打开 RobotStudio 软件，单击"文件"→"新建"→"空工作站"菜单命令，再单击"创建"按钮	
(2) 导入工作台模型。 单击"基本"→"导入几何体"→"浏览几何体…"菜单命令，从"离线编程"文件夹中导入"机器人工作桌台.stp"和"01绘图模块_木.stp"文件	
(3) 调整布局。 将两个模块导入后，绘图模块被遮挡，此时需要调整布局，将绘图模块放置于工作台上。右键单击"绘图模块"，在弹出的菜单中依次选择"位置"→"设定位置"，开始设置绘图模块的位置	

(4) 设定绘图模块的位置。 　输入和实操平台相同的坐标值，这里沿水平倾斜 30°放置。"参考"坐标系为"大地坐标"，设定坐标系"位置X、Y、Z(mm)"为[-150,450.00，975.00]，"方向(deg)"为[0.00, -29.20, 90.00]	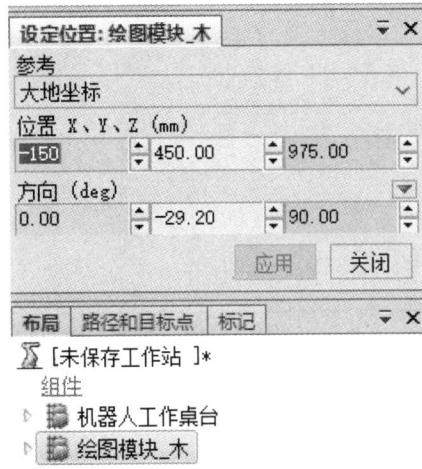
(5) 导入机器人模型。 　单击"基本"→"ABB 模型库"，选择机器人"IRB 120"	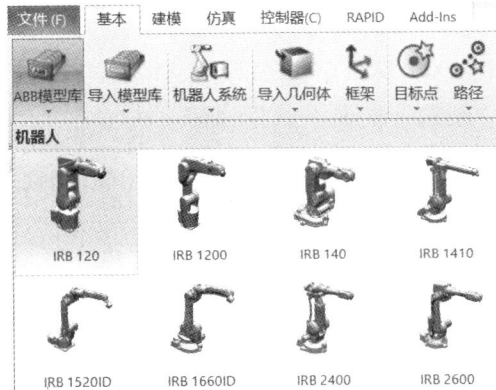
(6) 布局完成。 　导入机器人模型后，需要调整机器人位置，并将机器人放在工作平台上，具体方法同上。这里"位置 X、Y、Z(mm)"对应的坐标值为[0.00，0.00，930.00]	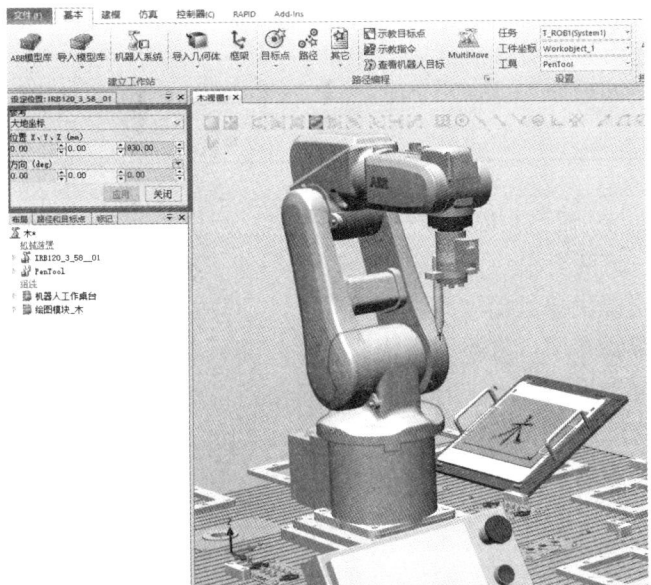

任务 7.2　写字笔工具的创建与安装

1. 绘图笔工具坐标系的创建

绘图笔工具坐标系创建操作步骤如下。

操 作 步 骤	示 意 图
(1) 导入绘图笔工具。 单击"基本"→"导入模型库"→"浏览库文件…",然后选择对应的绘图笔工具"PenTool"文件	
(2) 安装绘图笔工具。 ① 单击"PenTool"按住鼠标左键,将其拖动到"IRB120_3_58_01"上,然后松开左键,在"更新位置"提示信息框中单击"是"。	

② 绘图笔工具安装完成的最终终效果图如右图所示	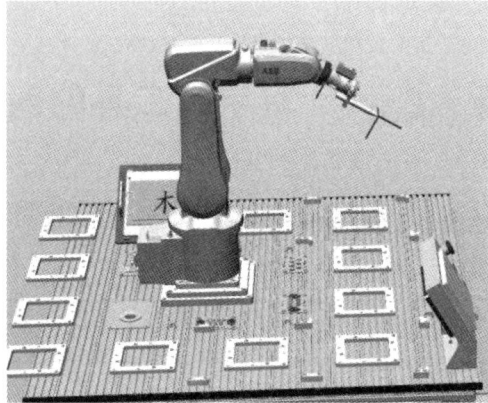
(3) 创建机器人系统。 依次单击"基本"→"机器人系统"→"从布局…",机器人系统创建完成	
(4) 机器人系统的设置。 在"系统名字和位置"界面中,修改系统名称为"System1",再选择系统所在位置,设置完成后单击"下一个"	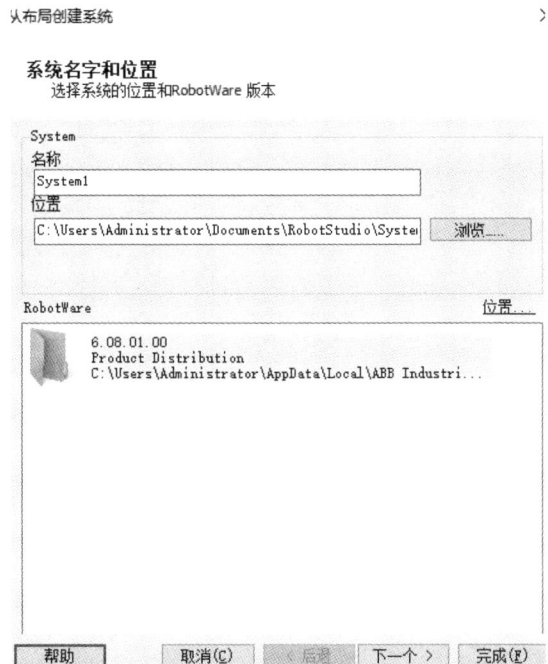

(5) 配置系统选项。

① 在"从布局创建系统"界面中，单击"选项…"设置卡，然后单击"下一个"。

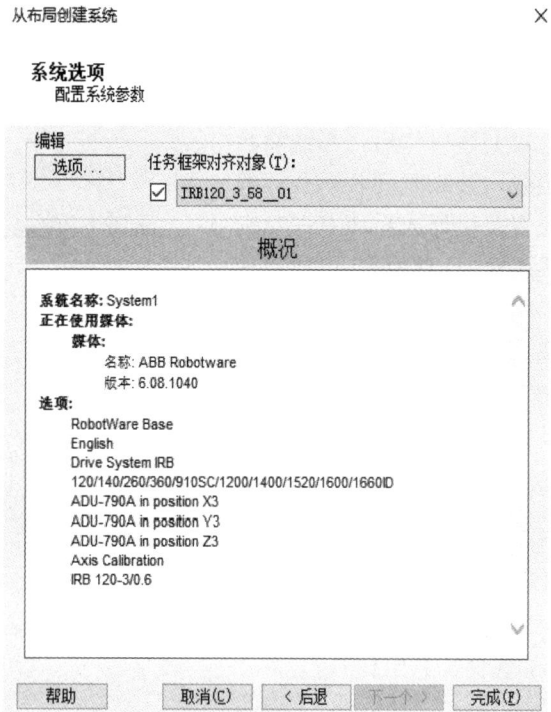

② 在弹出的"更改选项"界面中，设置系统类别和语言，语言选项勾选"Chinese"。完成控制系统的创建

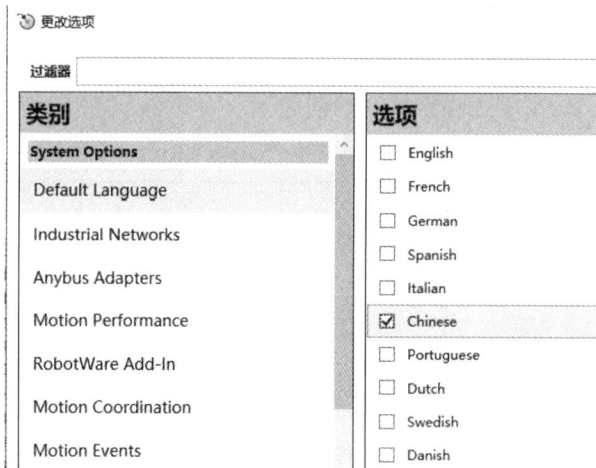

操作步骤	示意图
(6) 控制系统的创建。 　　完成上述操作后，系统将自动装载，装载时间长短和计算机配置及机器人系统有关。在装载过程中，界面右下角的"控制器状态"呈红色说明创建未完成，呈绿色代表系统已创建成功	 **控制器状态** 控制器　　　状态　　　模式 工作站控制器 System19　　　正在启动 MoveL ▾ ▾ v1000 ▾ z100 ▾ tool0 ▾ \WObj:=wobj0 ▾　控制器状态: 0/1 MoveL ▾ ▾ v1000 ▾ z100 ▾ tool0 ▾ \WObj:=wobj0　控制器状态: 1/1
(7) 选择工具坐标系。 　　依次单击"基本"→"任务"，在"工具"坐标系选择"PenTool"。 　　至此，绘图笔工具坐标系创建完成	任务　　T_ROB1(System1) 工件坐标　wobj0 工具　　　tool0 　　　　　tool0 　　　　　PenTool

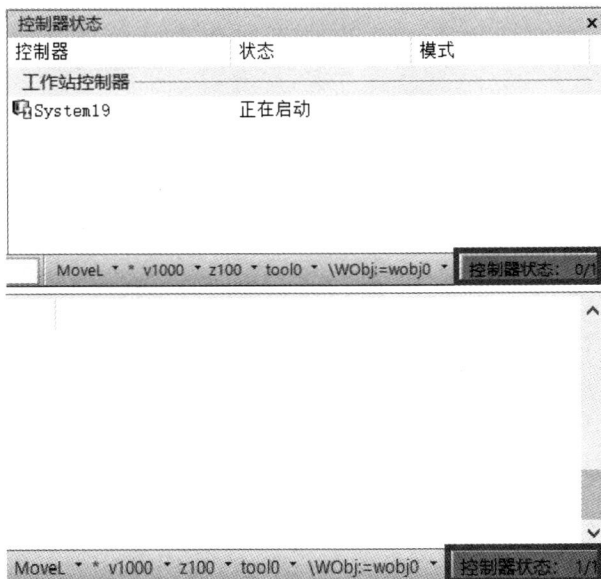

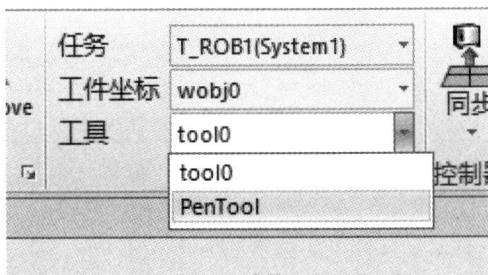

2. 写字工件坐标系的创建

写字工件坐标系的创建操作步骤如下。

操 作 步 骤	示 意 图
(1) 创建工件坐标系。 　　单击"基本"→"其他"→"创建工件坐标"，创建工件坐标系	基本　建模　仿真　控制器(C)　RAPID　Add-Ins 导入模型库　机器人系统　导入几何体　框架　目标点　路径　其它　　示教目标点　示教指令　查看机器人目标　MultiMove　任务　工件坐标　工具 建立工作站 　创建工件坐标 　创建RAPID工件对象。 　创建工具数据 　定义工具属性，包括位置和负荷。 　创建逻辑指令 　插入一条辅助、非移动指令，以方便离线编程。

(2) 设置工件坐标。 在"创建工件坐标"界面中，单击"工件坐标框架"，选择其中的"取点创建框架"	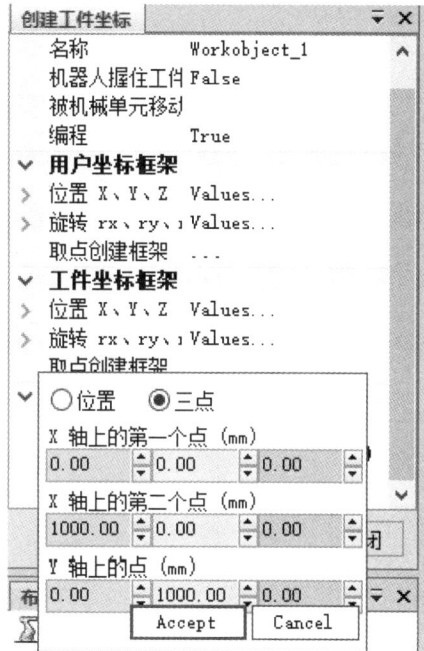
(3) 采用"三点法"创建工件坐标系。 选择合适的捕捉工具，单击"选择表面" ▣ 和"捕捉末端" ↘	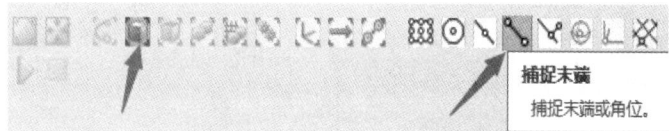
(4) 创建 X 轴上的第一个点。 选择上表面上对应的第一个点，如红色圈出位置	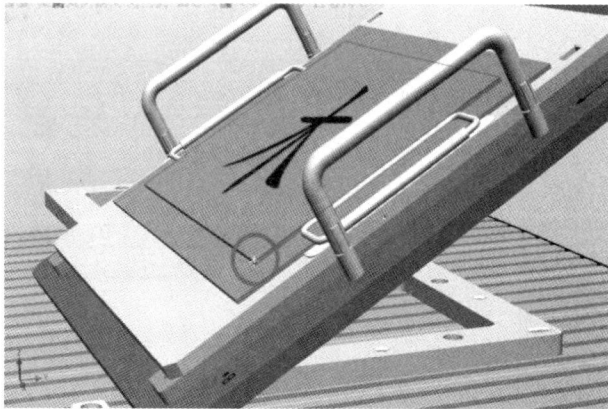

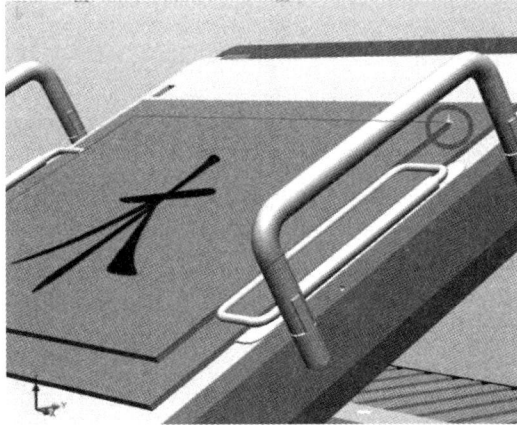

(5) 创建 X 轴上的第二个点。 选择上表面上对应的第二个点，如红色圈出位置	
(6) 创建 Y 轴上的点。 选择上表面上对应的第三个点，如红色圈出位置	
(7) 工件坐标系创建完成。 以上三点确定后，单击"Accpet"，再单击"创建"，此时工件坐标系创建完成	

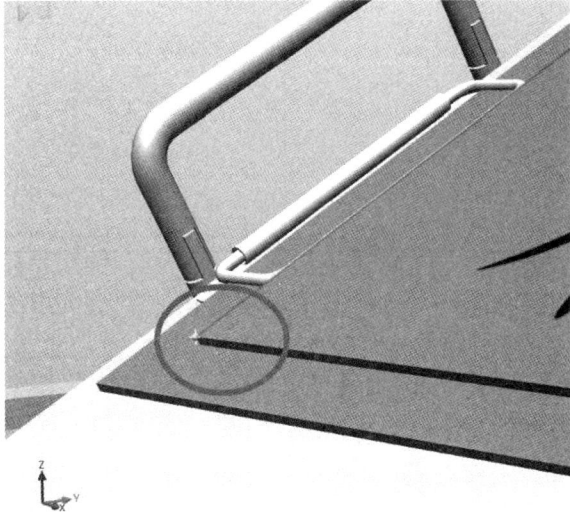

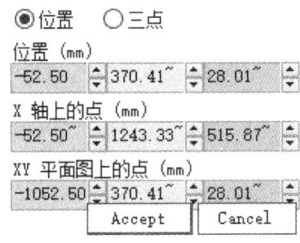

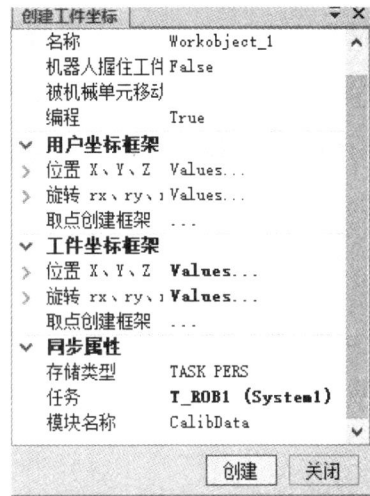

(8) 查看工件坐标系。 工件坐标系创建完成后，在"基本"→"设置"中，即可查看工件坐标系	

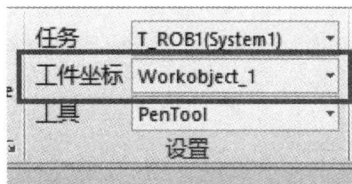

任务 7.3　　写字轨迹离线编程和调试

1. 写字自动路径的创建

写字自动路径创建的操作步骤如下。

操 作 步 骤	示 意 图
(1) 创建机器人原点。 在"基本"选项卡中，选择"目标点"→"创建 Jointtarget"	
(2) 修改坐标原点。 在"创建关节目标点"界面中修改名称为"pHome"，单击"机器人轴"的下拉选项，修改机器人对应关节数值为[0, −20, 20, 0, 90, 0]，设置完成后单击"Accept"，最后单击"创建"	

(3) 原点姿态验证。 ① 在左边显示栏中选择"路径和目标点",选择"接点目标点"即可看见新建的"pHome"点,右键单击"pHome",在弹出的菜单中选择"跳转到关节目标"。	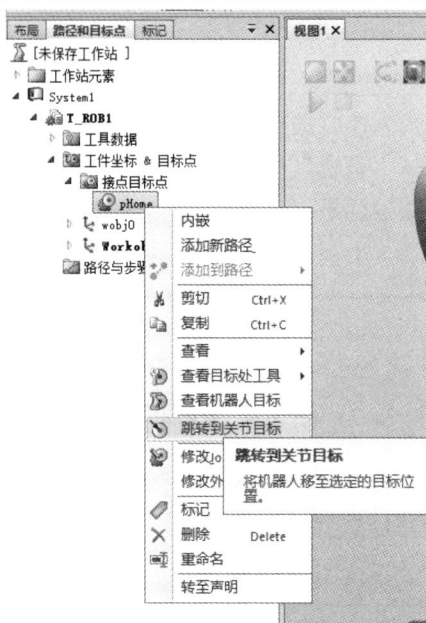
② 机器人姿态跳转到原点的姿态	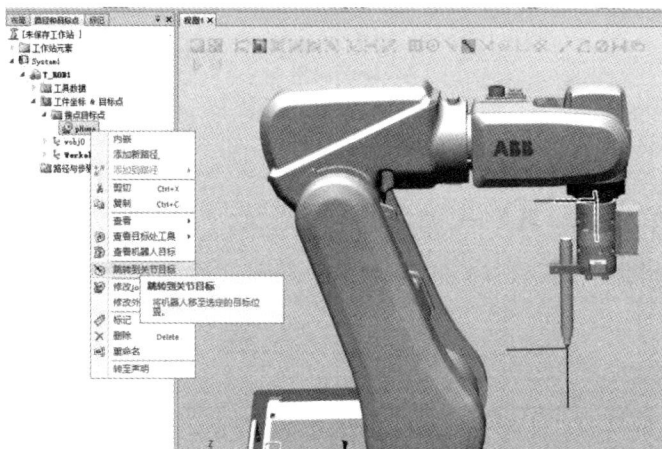
(4) 创建自动路径。 ① 使用自动路径生成"木"字路径。首先,更改显示界面右下角的运动指令参数为"MoveL",调整运行速度为"v200",转弯半径为"fine",工具坐标系为"PenTool"及工件坐标系为"Workobject_1"。	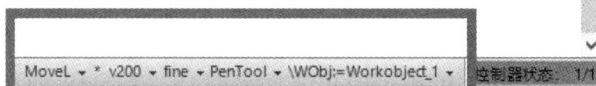

② 在"基本"选项卡中选择"路径"→"自动路径"。	
③ 在"自动路径"显示界面，选择合适的捕捉表面，按住"shift"键与鼠标左键同时选择"木"字。注意：移动光标至"木"字外轮廓全部选中。	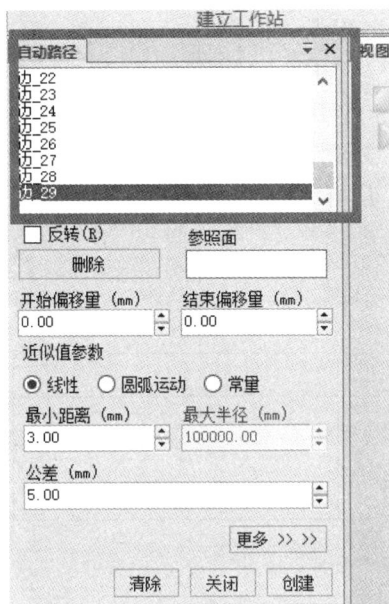
④ 外轮廓选中对应的状态。	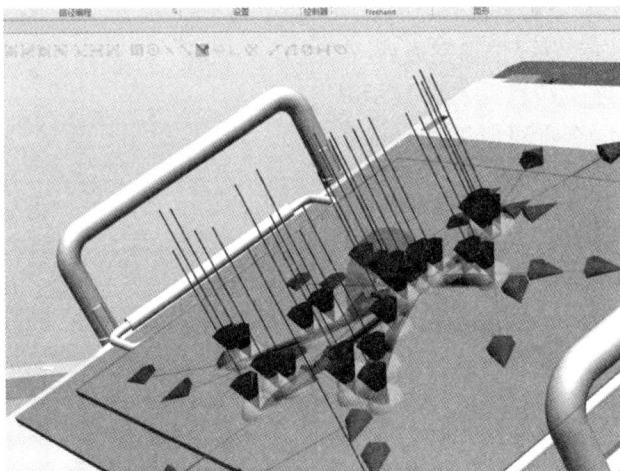

⑤ 完成其他设置。"参照面"选择上表面,"近似值参数"选择"线性","最小距离(mm)"设置为"3.00","公差(mm)"设置为"1.00",单击"更多"下拉选项框,过渡点"偏离(mm)"设置为"100.00","接近(mm)"设置为"100.00",设置完成后,单击"创建"后再单击"关闭",完成设置

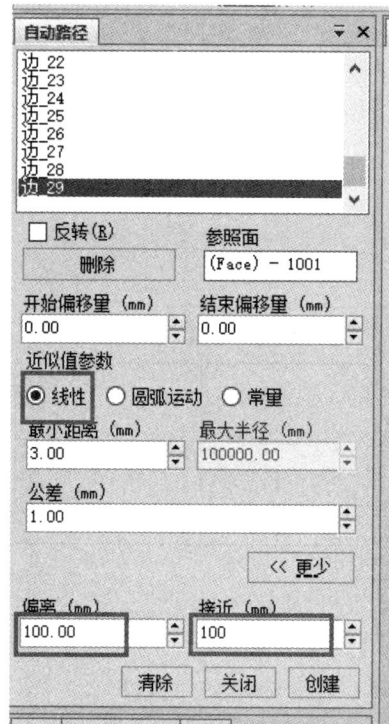

(5) 查看点位。

自动路径创建完成后,在"路径和目标点"显示界面,查看对应工件坐标系"Workobject_1"下自动生成的点位

(6) 查看路径。 在"路径和目标点"→"路径与步骤"→"Path10"，"Path10"为自动生成的路径。注意：这里路径若出现感叹号，则代表路径有奇异点，需要手动调整	

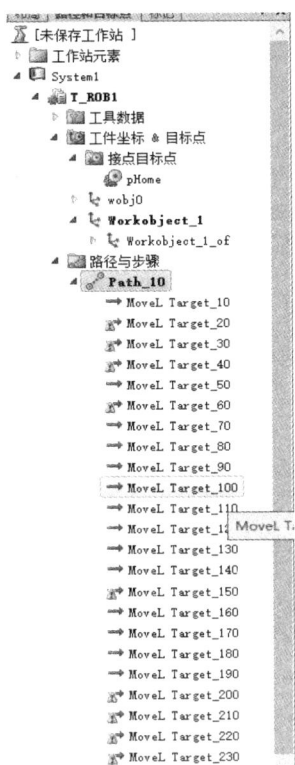

2. 调整绘图笔工具姿态并配置轴参数

因自动生成的路径存在奇异点，故需要调整工具姿态与配置轴参数，具体操作步骤如下。

操　作　步　骤	示　意　图
(1) 查看工具姿态。 ① 在生成的点位中任意选择 1 个点(这里以 Target_10 为例)，右键单击"Target_10"，在弹出的菜单中选择"查看目标处工具"→"PenTool"，即可查看每个点对应的工具姿态信息。	

② 例1："Target_30"的工具姿态。	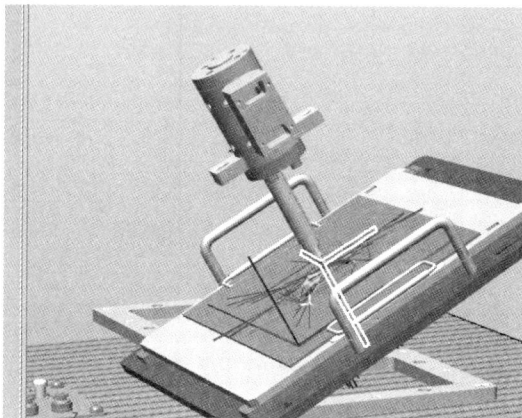
③ 例2："Target_80"的工具姿态	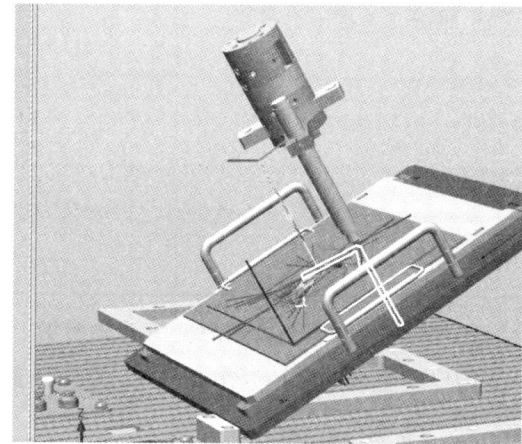
(2) 调整工具姿态。 ① 不同点的工具姿态不一致，在操作时每个点均需要调整姿态。为保证机器人运行流畅，需要调整绘图笔工具至同一姿态，且垂直于写字板。从实际工作台机器人安装角度出发，这里选择"Target_110"为参考目标姿态。	

② 右键单击"Target_110"点，在弹出的菜单中选择"复制方向"。	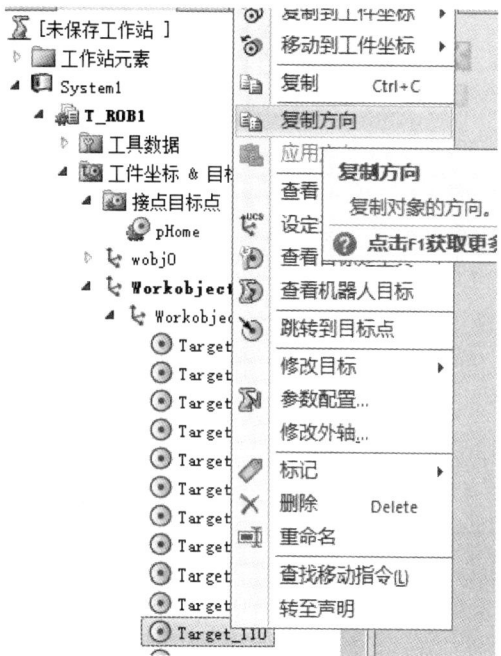
③ 全选并右键单击所有目标点，在弹出的菜单中选择"应用方向"，实现所有点位方向和"Target_110"点方向一致	

(3) 查看姿态。 姿态调整完成后，查看所有目标点点位的工具姿态是否一致	
(4) 配置轴参数。 ① 为保证机器人流畅运行，这里需要配置轴参数。右键单击任意一个点，在弹出的菜单中选择"参数配置"。	
② 有警告标识说明当前参数配置需要调整，在"配置参数"界面选择另外两个没有警告标识⚠的参数设置为当前的轴参数。单击"应用"后再单击"关闭"	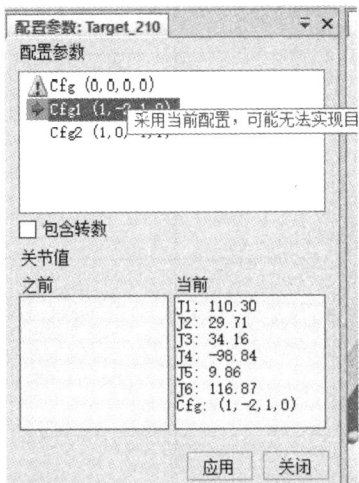

3. 写字路径规划与生成

完善机器人写字程序，具体操作步骤如下。

操 作 步 骤	示 意 图
(1) 回原点程序添加。 ① 右键单击创建好的原点"pHome"，在弹出的菜单中选择"添加到路径"→"Path_10"→"<第一>"。	
② 选择"MoveAbsJ"指令，单击"确定"。同样的步骤添加至程序最后	
(2) 添加逻辑指令。 为了保证每个点位的可达性，可以添加逻辑指令。右键单击对应路径"Path_10"，在弹出的菜单中选择"插入逻辑指令"	

(3) 设置逻辑指令。 "指令模板"处选择"ConfL Off",单击"创建"后再单击"关闭"。完成指令的插入,同样插入此指令到程序开头	
(4) 自动配置。 右键单击"Path_10",在弹出的菜单中选择"自动配置"→"线性/圆周移动指令",设置完成后,运动指令均无警告标识	
(5) 查看路径。 右键单击"Path_10",在弹出的菜单中选择"沿着路径运动",此时可以看到机器人沿着路径运动,完成"木"字的书写	

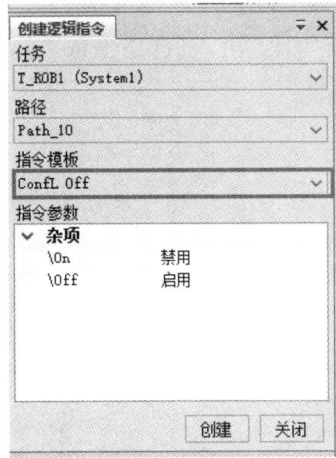

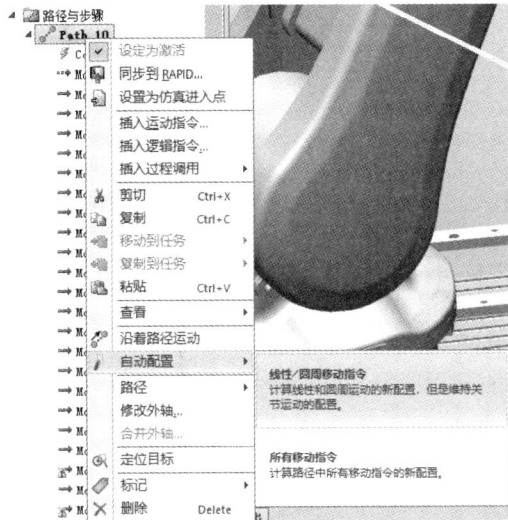

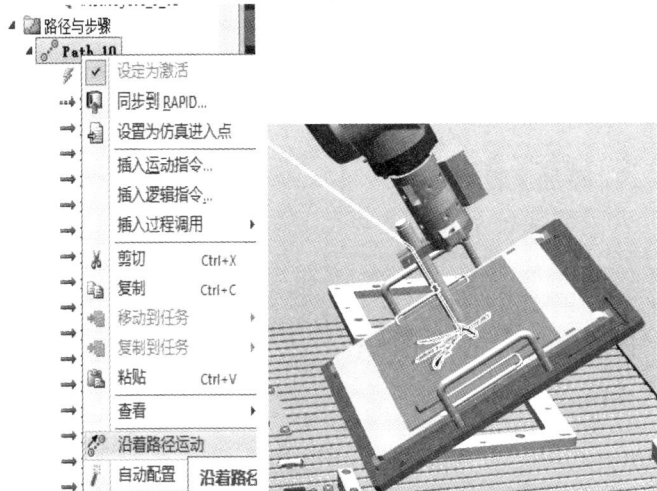

4. RAPID 程序同步

将写字程序同步到工作站中，具体操作步骤如下。

操 作 步 骤	示 意 图
(1) 同步 RAPID 程序。 右键单击"Path_10"，在弹出的菜单中选择"同步到RAPID…"	
(2) 同步 RAPID 数据。 在"同步到 RAPID"显示界面，将所有数据同步，注意所有数据均同步到"Module1"模块中	
(3) 设置仿真进入点。 右键单击"Path_10"，在弹出的菜单中选择"设置为仿真进入点"	
(4) 仿真播放。 设置完成后，单击"仿真"选项卡中的"播放"即可查看完整写字路径，选择"仿真录像"可录制仿真动画	

任务 7.4   写字在线编程和调试

1. 机器人控制器与 RobotStudio 软件连接

机器人控制器与 RobotStudio 软件连接的具体操作步骤如下。

操 作 步 骤	示 意 图
(1) 控制器网口连接。 将机器人控制器上 X5 口的网线插到 X2 口，电脑端网口与机器人工作台上的网口相连	
(2) 网络设置。 ① 设置电脑 IP 地址。在电脑中找到"WLAN 状态"，单击"属性"。	

② 在"WLAN 属性"界面中选择"网络"，双击选择"Internet 协议版本 4 (TCP/IPv4)"。	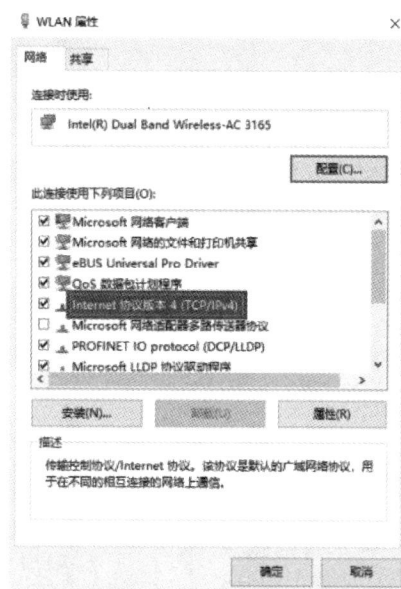
③ 在"Internet 协议版本 4(TCP/IPv4)属性"界面设置 IP 地址。选择"使用下面的 IP 地址(S)"，设置"IP 地址"为"192.168.125.88"，至少保证前三个网段"192.168.125."相同，最后的"88"可以不同，保证跟网段内其他设备不冲突即可。设置"子网掩码"为"255.255.255.0"，选择"使用下面的 DNS 服务器地址(E)"，单击"确定"，完成 IP 地址的设置	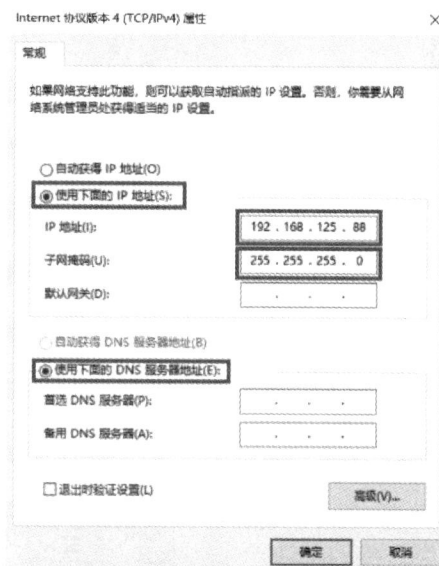
(3) 连接控制器。 ① RobotStudio 软件连接机器人控制器。在标题栏"控制器"下，选择"添加控制器"后，选择"一键连接…"，即可连接到实操设备。	

② 连接好后，"一键连接…"按钮将变为灰色，无法再选择	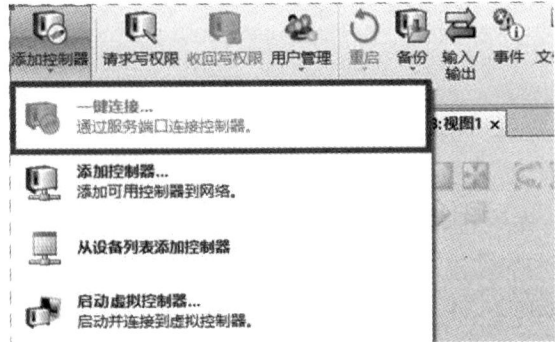
(4) 请求写权限。 ① 选择"请求写权限"，实现程序的写入。在"控制器"下，选择"请求写权限"。	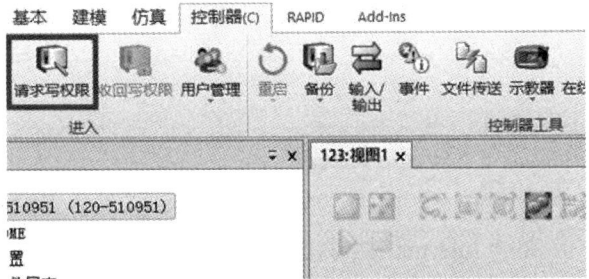
② 弹出"等待远程操作示教器的确认授权，或按取消退出。"窗口。	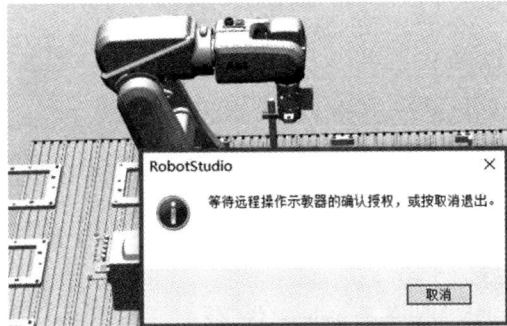
③ 在机器人示教器上单击"同意"按钮	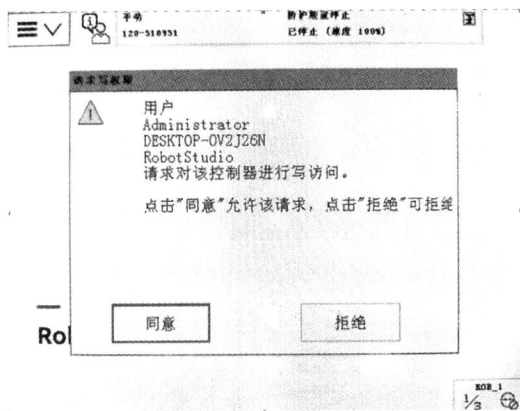

(5) 创建关系。 创建机器人与计算机端的关系。选择"控制器"→"创建关系"	 控制面板 操作者窗口 编辑系统 任务框架 修改选项 离线设定 创建关系 虚拟控制器　　　　传送
(6) 设置创建关系。 设置"关系名称"为"ABB123","第一控制器"选择仿真软件中的工作站,"第二控制器"选择现场设备,如右图所示	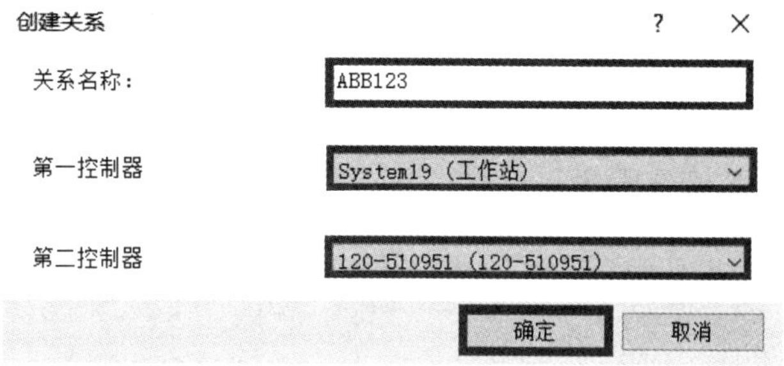 创建关系　　　　　? × 关系名称： ABB123 第一控制器 System19（工作站） 第二控制器 120-510951（120-510951） 确定　取消
(7) 设置创建关系。 选择传输数据。仅勾选"Module1"模块	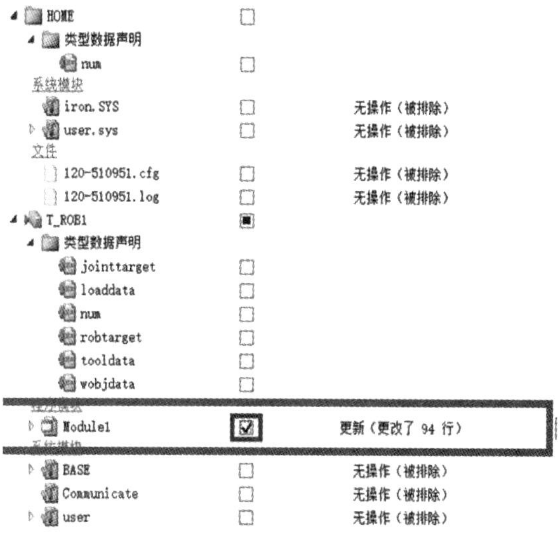 HOME □ 类型数据声明 □ num □ 系统模块 iron.SYS □ 无操作（被排除） user.sys □ 无操作（被排除） 文件 120-510951.cfg □ 无操作（被排除） 120-510951.log □ 无操作（被排除） T_ROB1 ■ 类型数据声明 jointtarget □ loaddata □ num □ robtarget □ tooldata □ wobjdata □ Module1 ☑ 更新（更改了 94 行） BASE □ 无操作（被排除） Communicate □ 无操作（被排除） user □ 无操作（被排除）
(8) 完成传输。 在"传输界面"单击"正在传输…"按钮,并选择"是",完成传输	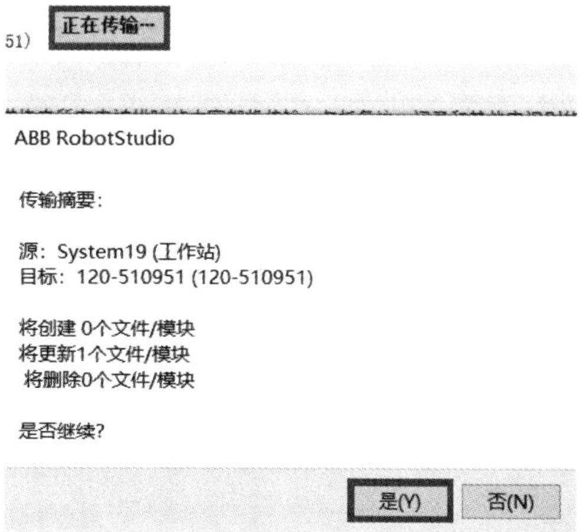 正在传输… 51) ABB RobotStudio 传输摘要： 源: System19 (工作站) 目标: 120-510951 (120-510951) 将创建 0 个文件/模块 将更新 1 个文件/模块 将删除 0 个文件/模块 是否继续？ 是(Y) 否(N)

2. 程序运行与调试

现场设备运行与调试的具体操作步骤如下。

操 作 步 骤	示 意 图
(1) 查看程序。 　在示教器上查看导入的程序是否正确	
(2) "三点法"创建工件坐标系。 ① 机器人工件坐标系的创建。在机器人示教器中,选择"手动操纵"。	
② 选择"工件坐标"。	

③ 在工件坐标定义界面，选择"目标方法"为"3 点"。依次选择目标点 X1、X2、Y1，并单击"修改位置"，完成工件坐标系的定义。	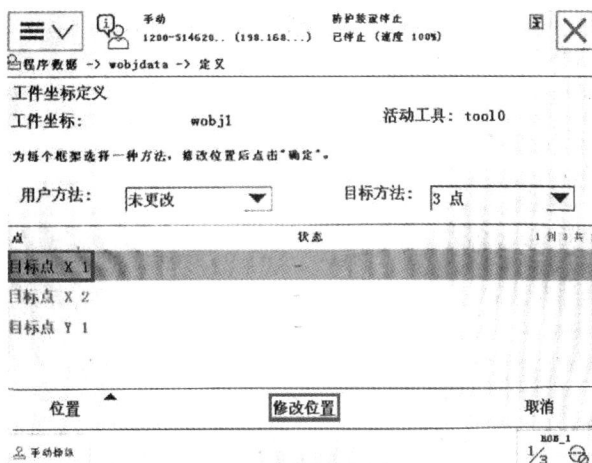
④ 工件坐标系的三个点依次是 X1、X2 和 Y1，手动操作示教器，调整至对应绘图模块上的 X1、X2 和 Y1 位置，并修改位置	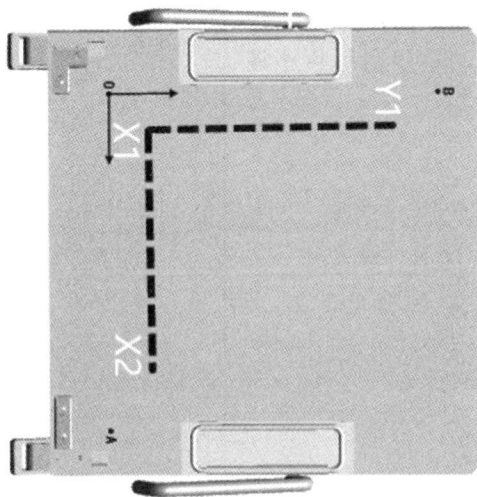
(3) 安装绘图笔工具。手动安装绘图笔工具，如右图所示	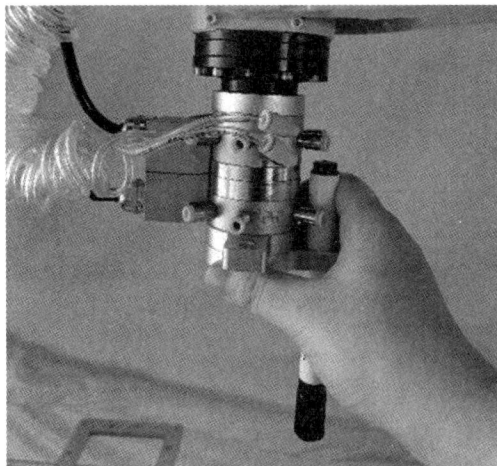

(4) 安装绘图纸。 在绘图模块上安装绘图纸，如右图所示	
(5) 实操验证写字。 ① 手动单步运行程序调试写字。	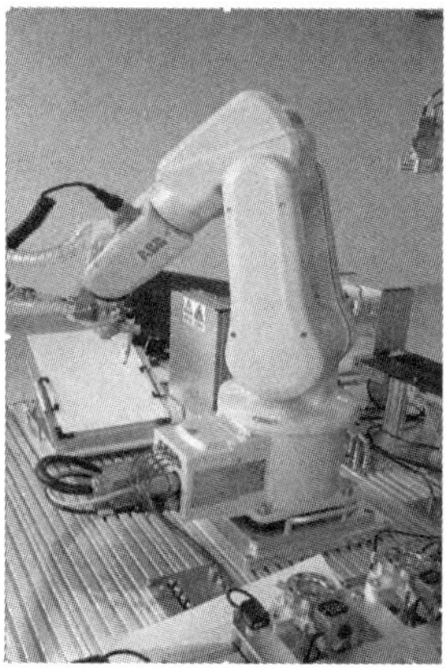
② 调试完成后，自动运行程序完成"木"字的书写	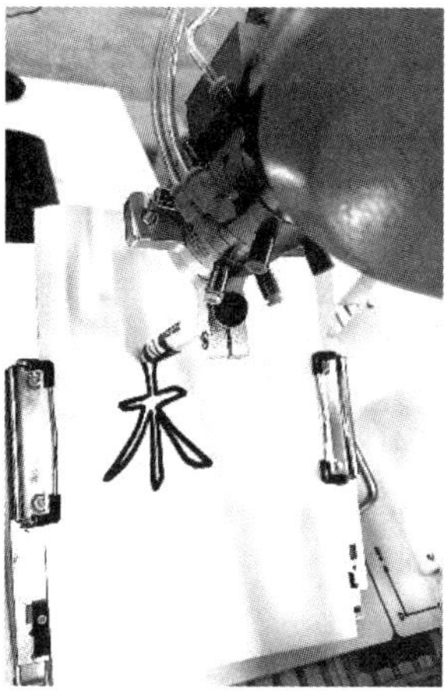

🔧 拓展知识

一、Robotstudio 在线功能

1. 建立 RobotStudio 与机器人的连接

建立 RobotStudio 与机器人的连接，可用 RobotStudio 的在线功能对机器人进行监控、

设置、编程与管理。将随机所附带的网线一端连接到计算机的网络端口，另一端与机器人的专用网线端口进行连接。

2. 获取 RobotStudio 在线控制权限

通过 RobotStudio 在线对机器人进行 RAPID 程序的编写、参数的设定与修改等操作。在工业控制过程中，为了保证控制的稳定性和安全性，控制器一般都设置有写保护功能，即未经允许不得写入信息或修改信息，所以编辑前需要获取在线控制权限。

修改完成后，为了保证系统安全性，可以通过单击示教器的撤回按钮或 RobotStudio 软件中的收回写权限命令，撤回 RobotStudio 软件对机器人控制器的写权限。

3. 系统备份与恢复

机器人系统备份属于从计算机中读取机器人系统当前的程序、参数等，因此无需进行写权限的申请，即可实现备份与恢复。

4. 在线文件传送

在线传送文件就是将文件在计算机端与控制器端进行互传。文件传输前需要进行写权限的授权，但需要注意的是，在将文件从计算机端传输至控制器时，必须确保传输的文件的有效性，以免造成系统故障。

5. 其他功能

RobotStudio 在线功能非常强大，除了上述功能外，还会经常用到在线监控功能和在线管理示教器功能。

在"控制器功能"选项卡下，单击"在线监视器"命令，即可进入在线监控界面。

同时，在"控制器功能"选项卡下，单击"示教器"查看按钮，此时软件中会实时显示真实示教器的界面。

二、工件坐标(wobjdata)

工件坐标对应工件，它定义工件相对于大地坐标的位置。机器人可以有若干工件坐标系，或者表示不同工件，或者表示同一工件在不同位置的若干副本。对机器人进行编程时，就是在工件坐标中创建目标和路径，例如，重新定位工作站中的工件时，只需更改工件坐标的位置，所有路径将即刻随之更新。

学 习 检 测

一、知识检测

判断题

1. RAPID 同步时将工件坐标、工具数据、路径和模板尽量放在一个模块中。（　　）

2. 现场设备连接时，需要将机器人控制器上 X2 口的网线插到 X5 口上。（　　）

3. 现场设备演示时不需要重新定义工件坐标系。(   )

4. 设备连接时，需要将计算机与控制器的 IP 地址设置在同一网段。(   )

二、技能检测

可以按照表 7-1 进行"'山'的离线编程书写"相关技能学习检测。

表 7-1   '山'的离线编程书写学习检测

任务	要求	评分细则	分值	评分
工作站合理布局	能够正确进行工作站的合理布局	(1) 理解任务内容 (2) 任务操作正确	10	
写字笔工具的安装和机械装置创建	能正确安装工具，创建工件坐标系	(1) 理解概念和任务 (2) 任务操作正确	20	
工件坐标系创建	能正确创建工件坐标系	(1) 理解任务内容 (2) 任务操作正确	20	
离线编程写字	(1) 能正确示教搬运关键目标点。 (2) 熟练编写搬运 RAPID 程序	(1) 理解任务内容 (2) 任务操作正确	20	
建立 RobotStudio 与机器人的连接	能正确连接 RobotStudio 与机器人	(1) 理解任务内容 (2) 任务操作正确	10	
在线编程调试	工件坐标系的标定	(1) 理解任务内容 (2) 任务操作正确	10	
写字验证	A4 纸上完成文字的书写	(1) 理解任务内容 (2) 任务操作正确	10	

参 考 文 献

[1]　陈瞭，肖步崧，肖辉. ABB 工业机器人二次开发与应用[M]. 北京：电子工业出版社，
2021.

[2]　王志强，禹鑫燚，蒋庆斌. 工业机器人应用编程(ABB)[M]. 北京：高等教育出版社，
2020.

[3]　工控帮教研组. ABB 工业机器人虚拟仿真教程[M]. 北京：电子工业出版社，2019.

[4]　张明文. 工业机器人离线编程[M]. 2 版. 武汉：华中科技大学出版社，2022.

[5]　苏建，于霜，陈小艳. ABB 工业机器人虚拟仿真技术[M]. 北京：高等教育出版社，2021.

[6]　陈乾，邱永松. 工业机器人离线编程与仿真[M]. 北京：机械工业出版社，2022.

[7]　叶晖，吕世霞，张恩光等. 工业机器人工程应用虚拟仿真教程[M]. 2 版. 北京：机械工
业出版社，2021.